生活越简单越好

简单是一种度量和胸怀，简单是复杂的可能和前提，简单是复杂的最初因缘。生命如舟，人的一生中不能有太多的负载之物，否则生命的小舟就会在抵达彼岸的航途中搁浅，甚至沉没。所以要丢掉生活中的碎片，该放下时就放下，始终保持空杯心态，不为虚名所累，生活越简单越好。

简单就是要欲望适中，学会舍弃。这也要那也想，须知我们的双肩载不动那么多的金钱、名誉、地位、情感、哀愁和怨恨。该舍弃的就舍弃吧，轻轻松松地上路，多一些时间来看花开花谢，多一些时间去观日升日落，多一些时间走向你心中的远方。

丢开一切束缚我们心灵和思维的桎梏，更不要让世俗的网于无形中把你拉扯得身心俱惫，憔悴不堪。以一种快刀斩乱麻的方式，三下五除二地去做吧!

生活越简单越好

简简单单才是真。享受淡然如水、闲适如风的生活

李世化◎编著

企业管理出版社
EMPH ENTERPRISE MANAGEMENT PUBLISHING HOUSE

图书在版编目（CIP）数据

生活越简单越好 / 李世化编著． -- 北京 ： 企业管理出版社，2014.10

ISBN 978-7-5164-0945-9

Ⅰ．①生… Ⅱ．①李… Ⅲ．①人生哲学—通俗读物 Ⅳ．①B821-49

中国版本图书馆CIP数据核字（2014）第223768号

书　　名：生活越简单越好

作　　者：李世化

责任编辑：杨苏敏

书　　号：ISBN 978-7-5164-0945-9

出版发行：企业管理出版社

地　　址：北京市海淀区紫竹院南路17号　　　邮编：100048

网　　址：http://www.emph.cn

电　　话：总编室 68701719　　发行部 68467871　　编辑部 68701408

电子邮箱：80147@sina.com　　zbs@emph.cn

印　　刷：北京嘉业印刷厂

经　　销：新华书店

规　　格：170毫米×240毫米　　16开本　　16印张　　180千字

版　　次：2014年11月第1版　　　2014年11月第1次印刷

定　　价：35.00元

前言

简单是一种积极、乐观的生活态度，是一种心灵的优雅与闲适，它应该成为我们每一个人生活的准则。因为在人生道路上，惟有奉行简单的准则，才有可能避免误入阻碍我们成熟的岔路，才会避免陷入歧途。就目前的潮流来看，无论是人际关系、社会结构或家庭关系，都同样有复杂化的趋势。然而，人们又不约而同地用一种简化的公式来处理这些关系。所以用“简单”的态度来处理事务，不仅能得到事半功倍的效果，同时也能将生活带入一种节奏明快的韵律之中。

其实，使事物变得复杂是很容易的，但若想将事物简化成有条不紊的情况就要动动脑筋了！把复杂的问题看得很简单，把简单的问题看得很复杂，这两者谁笨？有一个朋友几乎没有考虑就回答说，两个人都笨得厉害，因为简单的问题就应该看得简单，复杂的问题就应该看得复杂。

《堂·吉诃德》里有一个片段：桑丘问表弟说世界上第一个翻跟头的是谁？表弟说这个问题我一时回答不上，等我以后到书房去翻翻书，考证一番，下次见面，再把答案告诉你吧。桑丘过了一会儿对表弟说，刚刚问的这个问题，我现在已经想到答案了：世界上第一个翻跟斗的是魔鬼，因为他从天上摔下来，就一直翻着跟斗，跌到了地狱。

看到这里你也许会忍俊不禁，原因是桑丘的回答非常简单，但它也包含着一种极其朴素的智慧。正如桑丘的主人表扬他说，桑丘，你说出来的话，往往超过你的智慧呢。有些人煞费苦心，进行考证，但得出的结论往往既不能增长见识，也不能增添常识，真是毫无意义。

其实生活、学习、工作中的很多事情都很简单，大可不必费九牛二虎之力去伤透脑筋，人生、爱情、理想也是如此，很多时候都只是相当于小学一年级的数学题一样，或者像根本就没有上过学、一字不识的人看待鸡兔同笼这一问题时的思维一样——打开笼子数数不就知道了？干吗费那么大力气列那么多方程式来计算！更重要的是干吗把鸡和兔一起关在笼子里呢——只不过有的时候人们走了太多太远太辛苦的路，却意识不到有些路是根本就不必走的。有些人看到别人走，自己也就拼命地赶路，认为在走了很多辛苦路之后就会有天堂，可是谁知道天堂就在他原来所在的地方，就在他一路行走的过程中，或者根本就没有什么天堂。

有个打鱼的人，他每天只打一尾鱼，那尾鱼刚好可以换取他一天的食物、水和烟。然后他就躺在沙滩上晒太阳，望着蓝天白云抽烟，悠闲自在。

这时来了一个商人，对他说：“老兄，我觉得你应该打更多的鱼，然后把它们卖掉，等攒够一定数量的钱后就买一艘船，再开着船到处做买卖……”

“然后呢？”那人问商人。

“然后就能赚很多很多的钱，就可以每天到海边晒太阳，听海……”

“可是我现在不正在晒太阳、听海吗？”那人回答说，“更重要的是等我做够了那些事，赚到了足够的钱，也许我已经没有时间来晒太阳听海了……”

可见世界上没有复杂的事情，只有复杂的心灵和黑洞般没有边际不知深浅的欲望。这就像一棵树，细看来是许多的枝，再看是无数的叶，又看，则是数不清的细胞。其实，它只是一棵树，一棵树而已。一切问题都是可以化为简单的，正如判断题都只有两个答案：对或者错。

简单就是要欲望适中，学会舍弃。这也要那也想，须知我们的双肩载不动那么多的金钱、名誉、地位、情感、哀愁和怨恨。该舍弃的就舍弃吧，轻轻松松地上路，多一些时间来看花开花谢，多一些时间去观日升日落，多一些时间走向你心中的远方。

丢开一切束缚我们心灵和思维的桎梏，更不要让世俗的网于无形中把你拉扯得身心俱惫，憔悴不堪。以一种快刀斩乱麻的方式，三下五除二地去做吧！

简单生活，其实就是这么简单！

目录

第一章　生活简单：过自己想过的日子

第二章　习惯简单：简化事务，不被生活琐事拖累

第三章　欲望简单：需求越少烦恼越少

第四章　说话简单：不吹牛不传言不惹是非

第五章　交际简单：交往之时重义不重利

第六章 财务简单：钱不是万能的，够花就行

第七章　心态简单：懂得取舍，学会放下

第八章　行事简单：按照自己的方式去处理问题

第一章
生活简单：过自己想过的日子

一直以来，人们不断地把各种有形、无形的东西加在自己身上，好让自己富有、充裕，让自己壮大、盈满，人们相信只有这样才能拥有幸福。然而，事实是我们想拥有的越多就会越烦恼，而简单的生活才能让我们更快乐！

生活中的混水是自己振荡出来的

保持平和心态，从容地面对生活，是我们人生的一种崇高境界。

一代宗师赵朴初先生在退休后，写了一首《宽心谣》借以勉励自己保持平常心态。他在《宽心谣》中写道：

日出东海落西山，愁也一天，喜也一天。遇事不钻牛角尖，人也舒坦，心也舒坦。每天领取谋生钱，多也喜欢，少也喜欢。少荤多素日三餐，粗也香甜，细也香甜。新旧衣服不挑拣，好也御寒，赖也御寒。常与知己聊聊天，古也谈谈，今也谈谈。全家老少互慰勉，穷也相安，富也相安。早晚操劳勤锻炼，忙也乐观，闲也乐观。心宽体健养天年，不是神仙，胜似神仙。

然而，生活中的很多人不懂得“知足常乐”的道理，从原本的“光棍”一条、两手空空，到现在的老婆、孩子，盆盈钵满，本已收获多多，却要这要那，想入非非，直到土埋半截还不肯罢手。这样的人生是悲哀的，无异于在世界上白来一回。成功者在于低调，失败者在于得瑟。

有人曾用这样的比喻来形容一个人的浮躁心态：要想一天不消停，就在家里请客做饭；要想一个月不消停，就去买股票，整天提心吊胆；要想一年不消停，就去买房子搬家；要想一辈子不消停，就去离婚换老婆。

一位哲人说：“生活中的烦心事很多，有些你越想怎样越不容易忘掉，那就记住好了。就像一杯水，如果你不断地振荡它，就是一杯混水，会弄得自己不安宁。如果你慢慢地、静静地让它沉淀下来，用宽广的胸怀去容纳它们，心灵就不会因此而受到污染，反而重新归于纯净。”

把自己当成自己

有人曾总结了这样四句话的快乐秘诀：把自己当成别人；把别人当成自己；把别人当成别人；把自己当成自己。

乍一看，觉得有点不可思议，但仔细玩味，其中却大有学问。

“把自己当成别人”就是告诫我们要忘却烦恼。因为痛苦和不幸已经降临，如果自己死守着痛苦和不幸不放，就会被困难所击倒。既然木已成舟，何不把自己的痛苦和不幸看作是他人的痛苦和不幸，让自己重新振作起来，说不定自己“三十年后又是一条好汉”。

“把别人当成自己”就是告诫我们要理解同情他人的不幸遭遇。每个人的工作生活都不可能一帆风顺。就像有一句话说的那样：“快乐的人生都是相似的，不幸的人生各有各的不幸。”当别人遭遇不幸的时候，要推己及人，将心比心，不能幸灾乐祸。送上一句安慰的话语，哪怕是一个鼓励的眼神，都会让对方感到温馨、熨贴，甚至感念一生。

“把别人当成别人”就是告诫我们在别人取得成就的时候，自己千万不要沾人家的光。因为，别人的业绩是他们用自己的劳动汗水换来的，我们在为别人感到高兴的同时，千万要分清里外，不能凭白无故地沾光，更不能生拉硬拽地把光环往自己的头上扣。

“把自己当成自己”就是告诫我们自己永远不是别人，别人也永远不是自己。自己的路需要自己走，自己的梦需要自己圆。不要把希望寄托在别人身上，不要渴盼天上掉下馅饼，只有靠自己的劳动创造出的成果，我们才能尽情地享用。

松下幸之助说："我们不必羡慕他人的才能，也不必慨叹自己的平庸；各人都有个人的个性魅力，最重要的就是认识自己的个性，而加以发展。"

人生最难的就是客观公正地认识自己，并能不留情面地剖析自己，查找自己的缺点和不足。做到这一点，不仅需要勇气，更需要一种人生境界。

自己就是自己，自己的命运自己做主。这是一种积极向上的人生态度，而这种态度能使快乐伴随自己一生。

把手中的坏“牌”打好

人生的跌落起伏，大起大落，常使我们的命运随之发生改变。而命运的每一次改变，又都上演着一出出悲喜剧目。

俗话说：“龙生龙，凤生凤，老鼠的儿子会打洞。”其中的道理就是告诉我们：大千世界每个人的天然禀赋有着很大的差异性，就像我们无法选择自己的生身父母一样，必须直面这一现实，对自己身世的任何抱怨、辩解都无济于事。唯有自己把握自己的命运，才是明智的选择。

艾森豪威尔年轻时，一次晚饭后跟家人一起玩纸牌，他连续几次都抓了很坏的牌，心里很不高兴，抱怨不已。

母亲见状，对他正色道：“如果你要玩，就必须用你手中的牌玩下去，不管那些牌怎么样。”

艾森豪威尔一愣，母亲又说：“人生也是如此，发牌的是上帝，不管怎么样的牌你都得拿着，你能做的就是尽你的全力，求得最好的结果。”

母亲的话深深打动了艾森豪威尔。此后，他一直牢记着母亲的告诫，从未对生活有过任何抱怨，总是以积极乐观的态度去迎接命运的每一次挑战，尽力做好每一件事。他终于从一个默默无闻的平民家庭走出来，一步一步地成为了一个以诚待人、精于筹划、善于协调的美国陆军部少将参谋，并深得陆军参谋长马歇尔的赏识。

二战中，由于马歇尔向罗斯福总统的鼎力推荐，艾森豪威尔这位从未担任过任何一级作战的参谋军官，超越366名高级将领一跃成为出色的欧洲盟军统帅，领五星上将衔。战后，艾森豪威尔接替马歇尔担任陆军参谋长，1950年出任北约盟军首任总司令，继而当选美国第34届、35届总统。

艾森豪威尔的成功，固然有自己的努力，但是，如果当初没有“睿智母亲”的点拨，其伟大的智慧和超常的能力或许将被永远埋没。

牌场如人生。虽然发到我们每个人手中的“牌”有三六九等之分，有上中下之别，但是分到好“牌”也不要暗自窃喜、心存侥幸，分到坏“牌”也不要悲观失望、怨天尤人。古语说：风水轮流转，今天到我家。福兮祸所倚，祸兮福所伏。分得好“牌”的，表面上看运气不错，但如果无所用心，不能把握机缘，一味地凭借运气好、火力旺地去打，结果可能输得体无完肤。分得坏“牌”的，运气暂时可能不济，但如果能够有所用心、审时度势，善于化不利为有利、变被动为主动，并能坚持不懈地打下去，就可能使时局发生逆转。到时候，自己不想赢都难。

人生把自己手中的好“牌”打好了也许算不了什么，把自己手中的坏“牌”打好了、打出了彩才算真有本事。

打好自己手中的牌，就是把命运交给自己把握；把握了命运，也就把握了人生。

坚持自己独特的思路

人活着是为了实现自己的价值。按照自己的意愿去活，不去迎合别人的意见。歌德说："每个人都应该坚持走为自己开辟的道路，不为流言所吓倒，不受他人的观点所牵制。"

发明家之所以能成为发明家，关键就在于他们都有并坚持自己独特的思路，所以才会有独到的眼光、见解及成果。而选择自己的路不随大流走的做人方法，正是它的前提和必要条件。

生活中并没有两旁摆满玫瑰花、大门上写着"成功"的通道，生活是一种起伏不定的挣扎与奋斗，很多人都是经过艰苦奋斗，最后终于获得成功的。可贵的是在奋斗过程中，他们都能保持自己的特点，坚持走自己的路。

如果今天社会文明的压力令你感到难过，那么你是摆脱不了这种压力的——至少在一个人口稠密的国家里是办不到的。但是不要因此而感到绝望，因为这并不表示你自己的"疆界"就已经宣告结束。你用不着把你的疆界缩小。在你心中，也许有些力量正在你内心深处冬眠，等着你在适当的机会发掘及培养。这种培养，首先是要确立以自我价值为中心。

没有自我的生活是苦不堪言的，没有自我的人生是索然无味的，丧失自我是悲哀的。要想拥有美好的生活，自己必须自强自立，拥有良好的生存能力。没有生存能力又缺乏自信的人，肯定没有自我。一个人若是失去了自我，就没有做人的尊严，就不能获得别人的尊重。

我们无法改变别人的看法，能改变的仅是我们自己。每个人都有每个人的想法，每个人都有每个人的看法，不可能强求统一。讨好每个人是愚蠢的，也是没有必要的。

与其把精力花在一味地去献媚别人、无时无刻地去顺从别人，还不如把主要精力放在踏踏实实做人上、兢兢业业做事上、认认真真学习上。改变别人不容易，按自己的意愿生活却不难。

法国著名美容品制造商伊夫·洛列靠经营花卉发家，从1960年开始生产美容化妆品，到如今他在全世界的分店已逾千家，他的产品在世界各地深受人们的喜爱。

伊夫·洛列原先对花卉抱有极大的兴趣，经营着一家自己的花卉店，一个偶然的机会，他从一位医生那里得到了一种专治痔疮的特效药膏秘方。他对这个秘方产生了浓厚的兴趣。

他想：能不能使花卉的香味深入一种药膏，使之成为芬芳扑鼻的香脂呢。说干就干，凭着浓厚的兴趣和对于花卉的充分了解，不久之后，伊夫·洛列果然研制成了一个香味独特的植物香脂。他十分兴奋，于是便带上他的产品去挨家挨户地推销，取得了意想不到的结果，几百瓶试制品不大工夫就卖得一干二净。

由此，伊夫·洛列想到了利用花卉和植物来制造化妆品。他认为，利用花卉原有的香味来制造化妆品，能给人以自然清新的感觉，而且原材料来源广泛，所能变换的香型种类也非常多，前途一定会大好。他开始去游说美容品制造商实施他的计划。但在当时，人们对于利用植物来制造化妆品是抱否定态度的。几乎每个制造商都没有听完伊夫·洛列的建议便摇摇头、挥挥手，对他下了逐客令。但是伊夫·洛列坚信自己的新颖想法没错。于是，他向银行贷款，建起了自己的工厂。

1960年，洛列的第一批花卉美容霜研制出来了，便开始小批量地生产，结果在市面上引起了轰动。在极短的时间内，就顺利卖出了70多万瓶美容霜，这对于洛列来说，不啻是个巨大的鼓舞。伊夫·洛列利用花卉来制造美容品，可以说是一次大胆的尝试，那么，他利用邮购的方式来推销产品，便可以说是一种创举了。伊夫·洛列开创了自己的公司之后，曾在报刊上刊登广告，不过效果不太好，金钱花费较大，而反响也并不强烈。有一天，他突然有了一个想法，在广告上附上邮购优惠单，那么一定会引起许多人的注意。

于是，他在《这儿是巴黎》杂志上刊登了一则广告，上面附载了邮购优惠单。《这儿是巴黎》是一份发行量较大的杂志，结果其中40%以上的邮购优惠单给寄了回来，伊夫·洛列成功了。一时间，他这种独特的邮购方式使他的美容品源源不断地卖了出去。

1969年，伊夫·洛列扩建了他的工厂，并且在巴黎的奥斯曼大街上设了一个专卖店，开始大量地生产和销售化妆品了。伊夫·洛列别出心裁，另辟蹊径，打破常规，积极创新，利用花卉来制造美容霜，而且采取当时闻所未闻的邮购方式，从而使自己的事业取得了不同凡响的成绩。

一个非凡的企业家同时也应该是一个发明家，起码应该具有一个发明家的精神和眼光。而具有这种“别人见之未见，行别人所未行”的精神，几乎与事业的成败休戚相关。因为出色的经营离不开别具一格的创意，离不开独辟蹊径的精神。

做任何事情绝不能只在一棵树上吊死，因循守旧、墨守成规只会导致事业的失败。如果只是踩着前人制定好了的路线，跟在别人背后，慢慢地前行，是绝不可能闯出一片属于自己的天地的。

虽然，许多人也能通过老老实实、按部就班的努力取得某种成功，但只要通过对比，我们就可以发现，他们与通过创新、另辟蹊径尤其是有发明家精神的人比起来，无疑要费力得多。

不盲从、不墨守成规，有思路、有创意，这不仅是做事成功的保证，也是我们做人处世所不可缺少的，有主见、有个性，思路新颖，无论身处何时何地，相信都会游刃有余，并很快脱颖而出。

少走弯路便是捷径

很多人会问成功有捷径吗？其实真正的捷径就是少走弯路，少走弯路就是捷径。如果你认为捷径就是一步登天，这样的捷径当然是不可能有的。

“捷径”因为省时省力，许多人都愿意去走一走。但捷径有捷径的走法，靠投机钻营，找歪门邪道去走捷径永远都不可能站到辉煌的塔尖。捷径是靠勤劳和智慧摸索出来的，当他人成功的时候，你要学会跟从和超越，这才是正确的捷径的走法。

我们年轻的时候都很容易相信那句“走自己的路，让别人说去吧”的名言。然而，有多少人正是因为太相信这句话而吃尽苦头。走自己的路当然没错，但如果能够多听一听别人的意见，少走一些弯路不就更好了吗？

俗话说：“一处不到一处迷。”很多问题靠我们的凭空想像当然是不能解决的，一定要去见识一番才能了解情况。如果全靠自己去闯，受伤的机会就比较多了，因为你无法预料那个陌生的地方有没有陷阱荆棘，有没有毒虫猛兽。若是向过来人问一问，安全系数就大大提高了。当然，你不能像小马过河那样，全听他人意见，重要的还应该是结合自己的实际情况亲自实践一下。

有一个年轻人，想独立创业，开一家服装店。母亲知道了他的这个创业计划后，对他说：“你叔叔以前做过好多年生意，现在不做了。他很有经验，你不如去请教请教他。”

年轻人心想，叔叔做生意都是几年前的事了，他那点老经验拿到网络时代来用，只怕已过时得太久了。他决定按自己的思路做事。

年轻人租了一个临街的门面，这周围只有几家食品店和百货店。他想，在这儿开服装店，没有竞争对手，生意肯定错不了。没想到，开业后，他的生意十分冷清，别说买主，连进来瞧一瞧的人都很少。他以为这是刚开业，没知名度的缘故，做下去就好了。谁知过了半年，生意仍没有多大起色。眼看苦熬下去没有什么意思，宣布倒闭又心有不甘，正在犹豫时，母亲替他请来叔叔，帮忙看看生意不景气的原因。叔叔看了一眼就说：“你这地方开服装店不行，周围一家服装店也没有，不招客。”

年轻人奇怪地问：“为什么？”

“你的店面小，花色品种少，对顾客的吸引力本来就不大，加上没有对手竞争，价格没有比较，顾客怎么会愿来呢？”

年轻人心想：看来这位老同志的经验还没有完全过时，说得还是有点道理的。既然这地方“风水不好”，那就只好关门大吉了。后来，在叔叔的帮忙下，他在另一个地点重开了一家服装店，这回生意很红火，现在已扩大成服装超市了。

或许，我们经常听到别人的忠告，自己也常常对别人提出忠告。然而，当人们给予你建议或忠告时，你是仔细聆听是否有理，还是认为人们故意找你麻烦呢？分清别人的意见是否切实可行，对于你而言那是最宝贵的一笔财富。

有个猎人抓到一只鸟儿，神奇的是，这只鸟居然能说70种语言。

被关在笼子里的鸟儿哀求说：“求求你，放了我吧！只要你放了我，我就送给你三个生存秘诀。”

猎人想了一下，说：“好，不过你得先说哪三个秘诀，我才放你走。”

鸟儿听了之后，怀疑地看着猎人。

猎人看见鸟儿似乎不大相信，他举起手立誓：“我发誓，只要你说了，我一定会放你走。”

鸟儿看见猎人发誓了，便说：“那么你听好了！第一条是，做了就不要后悔。第二条是，如果有人告诉你一件事，只要你认为不可能，就千万别相信。第三条是，当你做不到时，就别勉强去做。”

忠告说完后，鸟儿便问猎人：“可以放了我吧？”

虽然猎人还没完全理解这些忠告，不过他仍然遵守诺言，将鸟儿放了。

鸟儿开心地飞到树上，接着朝猎人大声喊道：“你这个蠢蛋，谢谢你放了我啊！不过，你一定没有料到，我嘴里正含着一颗价值连城的大珍珠，而且就是这颗珍珠，让我如此聪明的。”

猎人一听，急忙跑到树下，他瞪大了眼，开始默默琢磨，要如何再将这只鸟儿捉住。

猎人懊悔地站在树下。过了一会儿，只见他开始往上爬，但是当他爬到一半时，却不小心掉了下来，还摔断了腿。

这时，鸟儿嘲笑他说：“笨蛋！我刚才不是告诉你了吗？怎么这么快就忘了呢？我不是说一旦做了就别后悔，为什么你现在又后悔了呢？还有，我说，如果有人对你说了你认为是不可能的事，就千万别相信他。可是，你居然相信我的小嘴含得住大珍珠。最后我不是说，如果做不到时，就别勉强自己吗？你看看，你为了捉住我，勉强爬上这棵大树，结果却摔断了腿。真是因小失大，得不偿失啊！”

鸟儿在飞走前，又送了猎人一句话：“对聪明的人来说，只要受过一次教训，他就会警惕；然而，愚笨的人即使受了一百次教训，恐怕还不一定找到问题所在。”

就像这只会70种语言的鸟儿所说的，如果不能从经验中吸取教训，那么即使人们告诉他前面有个陷阱，他也一样躲不过。

不要褊狭地看待人们给出的意见，我们要听取适合自己的建议，并根据实际情况，灵活运用这些建议。

况且听一听，并不会让我们有任何的损失，或许我们真的能从这些建议中，找出自己的缺失，调整自己的步伐。让我们能够不断从失败的教训中，获得最完整的经验累积，找到最便捷的通道，使我们不断地进步，从而大步地前进。

活着本身就是乐趣

世界上，最直接、最简单的快乐，不在于欣赏过多么瑰丽绚烂的景色，不在于攀登过多么雄奇险峻的山峰，而在于健康的活着，发现生活中的生命之美。

生于尘世，每个人都不可避免地要经历苦雨凄风，面对艰难困苦，保持一种什么样的心态，将直接决定你的人生轨迹。

曾经有两个囚犯，从狱中眺望窗外，一个看到的是满目泥土，一个看到的是万点星光。面对同样的际遇，前者持一种悲观失望的灰色心态，看到的自然是满目苍凉、了无生气；而后者持一种积极乐观的明快心态，看到的自然是星光万点、一片光明。

人的一生，就像一趟旅行，沿途中有数不尽的坎坷泥泞，但也有看不完的春花秋月。如果我们的一颗心总是被灰暗的风尘所覆盖，干涸了心泉、黯淡了目光、失去了生机、丧失了斗志，我们的人生轨迹岂能美好？而如果我们能保持一种健康向上的心态，即使我们身处逆境、四面楚歌，也一定会有“山重水复疑无路，柳暗花明又一村”的那一天。而且，就现实的情形而言，悲观失望者一时的呻吟与哀号，虽然能得到短暂的同情与怜悯，但最终的结果必然是别人的鄙夷与厌烦；而乐观上进的人，经过长久的忍耐与奋斗，最终赢得的将不仅仅是鲜花与掌声，还有那饱含敬意的目光。

虽然，每个人的人生际遇不尽相同，但命运对每一个人都是公平的。因为窗外有土也有星，就看你能不能磨砺一颗坚强的心，一双智慧的眼，透过岁月的风尘寻觅到辉煌灿烂的星星。先不要说生活怎样对待你，而是应该问一问，你怎样对待生活。

一个人要想打开自己人生的局面，必须要了解自己的心态，战胜自己的心态。要做到这两点，必须靠积极的心态去生活，不能用消极的情绪度过每一天。

清晨，当你睁开眼睛时，你是否经常如此想：人活着是一件多么美妙之事！又一个多么愉快的早晨！我从未感到如此开心！我想今天一定会是美好的一天！

找回自己小时候那种吹口哨的心态，找回那种内心深处完全自然、毫不做作的乐趣，使之成为你此刻的生活态度，其实，真正的乐趣并不是表面上的，或随时可见的，而是一种发自内心的感觉。你是因你的处境和你所做的事而感到深深的幸福。

一个晴朗的星期天下午，杰克和他的太太露丝还有小女儿丽莎一起去散步。他们在一起很快乐，玩得很开心。他们沿着公园走着，步履轻快，挺胸抬头，兴致高涨。“抬头挺胸走路真有趣！”他们齐声说。

他们走了约一里多的路，觉得全身舒畅，充满活力。当他们走过第五大街上的莱特大厦和古根汉姆博物馆时，丽莎说：“看，多美啊！”以前，杰克从没想过这些建筑物有多特别，丽莎一说，他便抬头又看了一次，这时，他才真正理解伟大的建筑师莱特注入在这个建筑中的人生乐趣。它高高的尖顶直入云霄，真正传达着一种振奋、快乐。他第一次觉得开始喜欢上它了，而这的确是当时他发自内心的感觉。

“我才是命运的主人，我决定着自己的快乐！”是的，只有自己调整好自己的心态，去发现生活的新奇与美好，才会发现，原来，简简单单的活着，也是一种乐趣。

学会做自己的主人

不要活在别人的价值观里。一个人活在别人的价值观里就会变得虚荣，因为太在意别人的看法就会失去自我。其实每个人都应当为自己而活，追求自我价值的实现以及自我珍惜。

如果你追求的幸福是处处参照他人的模式，那么你的一生都会悲惨地活在他人的价值观里。生活中的我们常常很在意自己在别人的眼里究竟是一个什么样的形象。因此，为了给他人留下一个比较好的印象，许多人总是事事都要争取做得最好，时时都要显得比别人高明。在这种心理的驱使下，人们往往把自己推上一个永不停歇的、痛苦的人生轨道。那么，人就该永远活在别人的价值观里吗？

有一天下午，珍妮正在弹钢琴时，7岁的儿子走了进来。他听了一会儿，说：“妈妈，你弹得不怎么高超吧？”

不错，是不怎么高超。任何认真学琴的人听到她的演奏都会退避三舍，不过珍妮并不在乎。多年来珍妮一直这样不高超地弹，弹得很高兴。

珍妮也喜欢不高超的歌唱和不高超的绘画，从前她还自得其乐于不高超的缝纫，后来做久了终于做得不错。珍妮在这些方面的能力不强，但她不以为耻。因为她不愿意活在别人的价值观里，她认为自己有一两样东西做得不错。

“啊，你开始织毛衣了，”一位朋友对珍妮说，“让我来教你用卷线织法和立体织法来织一件别致的开襟毛衣，织出12只小鹿在襟前跳跃的图案。我给女儿织过这样一件。毛线是我自己染的。”珍妮心想，我为什么要找这么多麻烦？做这件事只不过是为了使自己感到快乐，并不是要给别人看以取悦别人的。珍妮看着自己正在编织的黄色围巾每星期加长五至六厘米时，还是自得其乐。

从珍妮的经历中不难看出，她生活得很幸福，而这种幸福的获得正在于，她做到了不是为了向他人证明自己是优秀的而有意识地去索取别人的认可。改变自己一向坚持的立场去追求别人的认可并不能获得真正的幸福，这样一条简单的道理并非人人都能在内心接受它，并按照这条道理去生活。因为他们总是认为，那种成功者所享受到的幸福就在于他们得到了这个世界大多数人的认可。

其实，获得幸福的最有效的方式就是不为别人而活，不让别人的价值观影响自己，就是避免去盲目追逐它。通过和你自己的生活紧紧相连，通过把你积极的自我形象积极展现，你就能得到更多的认可。

两点之间，曲线制胜

平面上两点之间直线最优，但在现实生活中，更多时候是两点之间曲线最优。譬如，打击目标的炮弹都是走曲线才可以命中目标，直线性思维在很多地方要碰壁，我们在人生规划中，要想取得大成就，就要学着朝目标“曲线迈进”。说话、做事直来直去就容易失败。

曲线并不等于弯路，因为通往成功之道往往不是直的，懂得绕行和等待是一门艺术。

西方人讲条条大路通罗马，中国人讲愚公移山。你来判断一下，哪个聪明哪个愚呢？西方人提倡的是一种变通，最终达到殊途同归；中国人提倡的是一种苦干、硬干，更多的是一种精神上的不屈。可是，你来判断一下，在有限的生命中，哪种做法能让我们得到更多的利益？当然是前者。追求光明、百折不挠的精神固然是可敬可佩的，可是，为了达到目标绕道而行也许才是真正的大智慧！

下面这个故事听起来像一部传奇：一个穷孩子，7岁时就立志要找到一座城市；39年后，他着手工作，努力寻找，最后不仅找到了那座城市，还找到了一笔除16世纪西班牙征服者掠夺美洲所得的财富以外都无法与之比拟的财富。

故事始于1829年的圣诞，父母送给小孩一本《世界史图解》，里面有一幅希腊古城特洛伊的画。小孩子着迷了：“特洛伊是这样的吗？”“嗯。”“它消失了，谁也不知道它在哪里？”“是的。”“等我长大后，我会找到特洛伊，找到财宝……”

从那以后他就一直怀揣着这个梦想，12岁时，他自己挣钱谋生，先后做过学徒、售货员、见习水手、银行信差……长大后，他在俄罗斯经营石油期间，一刻也未曾忘记过自己的理想。他利用业余时间自修了古希腊语，又参与各国间的商务活动，学会多门外语——这些都为日后的行动打下了基础。他的爱情也与梦想紧密相连：他娶了个热爱学习、能够帮他了解古希腊的希腊姑娘。

他在经营中积攒了一大笔钱。他没有尽情地享受，却放弃了自己的事业，雇了许多工人跑到希腊搞考古挖掘去了。1870年，他在特洛伊遗址开始挖掘。过了几年，他就发掘出9座城市，其中还包括两座爱琴海古城：迈锡尼和柯林斯。从这以后他不仅发了大财，也成为发现爱琴海文明的第一人，从此世界考古的史册载入了一个响当当的名字——亨利·谢里曼。

这时，人们才明白了他的前半生为什么要做那么多“不相干”的事。

“不相干”的事其实并不是不相干，而恰恰是围绕目标所做的周全准备：积累资金、掌握知识，然后一举成功。

高尔夫球要打出弧线才能落入洞里。当你准备做长远的人生规划时，要做的第一件事就是给自己画出弧线，并告诫自己不要急躁要有耐心。要知道，人生旅途中是没有那么多捷径的。人生就像是在爬山，我们沿着曲折的山路，拐许多弯，兜许多圈，有时觉得好似都背离了目标——那座最高的山峰。其实，你是离目标越来越近了。懂得兜圈子、绕道而行的你，往往是第一个登上山峰的人；那些不懂而硬爬的人，往往会反复掉落，摔得头破血流。

要想让自己成为一个有策略、有智慧、有耐心的人生智者，就请你摆脱直来直去、硬干强干的“愚”性。

英国军事家利德尔·哈特在《间接路线战略》一书中写道：“从战略上说，最漫长的迂回道路，常常又是达到目的的最短途径。”

两只蚂蚁想翻越一段墙，到墙那边寻找食物。一只蚂蚁来到墙角，毫不犹豫地往上爬。可每当它爬到大半，就会由于劳累而跌下来。可是它并不气馁，一次次跌下来，一次次调整自己，然后重新往上爬。

另一只蚂蚁观察了一下，决定采取另一种办法：它绕过墙爬到食物面前享受起来。

第一只蚂蚁此时还在不停地跌落下去接着再重新爬。

我们很多人就像那可笑的第一只蚂蚁，精神固然可嘉，但费尽了力气最后什么也没有得到，还会满腹怨气。在这个世界上有才华又努力的人不少，可真正成功的人不多，道理很简单：在障碍面前，不知道绕道而行，于是屡屡受挫，最终成为失败者。

如果你拥有足够的勇气和信心，而且又懂得兜圈子、绕道而行，那么，在经过一段艰辛的追求之旅后，你必定能得到你所要追求的东西。

人生就像爬山，目标是那最高的顶峰。懂得迂回向上的人会最先爬到山顶，硬爬的人只会跌跌撞撞、望顶兴叹，最终导致头破血流、一败涂地。

第二章
习惯简单：简化事务，不被生活琐事拖累

我们提倡简单生活，并不是要你放弃所有的一切。实行它，必须从你的习惯出发。简单生活不是自甘贫贱。你可以开一部昂贵的车子，但仍然可以使生活简化。一个基本的概念就在于你想要改进你的生活品质而已，关键是诚实地面对自己，想想生命中对自己真正重要的是什么，由此而改变你的一些复杂的习惯。

人可以爬到最高峰，但并不能在那儿久住

将刀剑放在砧铁上敲打，使它们变得锋利，但是这样的锋利却不能保持很久，因其锋利而易缺口或折断。刀剑的锋利也就是它们所处的最高点，但是这种状态是不可能持续很久的。这就像是短跑运动员，他们最后冲刺的时间都很短，因为要在那短暂的时间里将力量积聚在一处发挥出来，这是非常消耗体能的，时间长了的话人体会负荷不了，也没有那么多的能量去支持。

社会财富过于集中在少部分人手中，就必然会造成大部分人的物质生活的严重匮乏，也就会有各种社会矛盾的产生和激化，这样一来社会就会变得动荡不安。在这种动荡之中“莫之能守”是必然的事情。随着财富的集中和社会地位的提高，人往往会恃势而骄，给自己积聚祸端。

美国每年法定的休假日里，有一个为纪念开国总统华盛顿而设的“总统日”。虽然华盛顿的生日是1732年2月22日，但为了与其他休假日的规格相一致，美国政府决定把每年2月的第三个星期一作为总统日来纪念他。

从华盛顿到小布什，美国有过43位总统，但无论林肯、罗斯福、肯尼迪或里根，谁的功劳和威望都比不上华盛顿。270年来，美国流传着很多关于华盛顿的美谈，说他在世时“像父亲照管孩子那样领导国家”，他是美国“战争中的第一人，和平中的第一人，国人心目中的第一人。”

但事实上，当华盛顿在世之日，他并没有获得众口一词的赞誉，他的

能力和品质都受到怀疑。在包括杰弗逊在内的反对联邦主义者的人们心目中，华盛顿是头号恶棍的代号。许多报纸发表过攻击他的言论，如《曙光报》就声称："如果有哪个国家由于一个人的存在而堕落，这就是华盛顿统治下的美国。"这些言词纵然涉嫌个人攻击，但也不为无因。华盛顿是一个讲求现实的人物，其为人行事并非完美无缺。例如，他曾因杰伊条约之故背弃昔日盟友潘恩，令后者饱受牢狱之苦，差点命丧异国。

但是在华盛顿去世之后，他却越来越受到人们的敬仰。美国不仅有华盛顿州和华盛顿市，还有32个州都有华盛顿县，121个邮局以华盛顿为名。所有这些都带着神圣的意味。亚伯拉罕·林肯曾在演讲中指出："给太阳增添光辉或给华盛顿的名字增添荣耀都是不可能的。"

为什么会出现这样的变化呢？

华盛顿的杰出贡献和崇高历史地位不仅在于他领导北美殖民地军民抗击英军赢得独立，领导制定联邦宪法，担任国家元首建立共和政体与权力制衡的联邦政府，还在于他高瞻远瞩的政治智慧，在达到权力顶峰时功成身退的心胸气度与政治品德，以及他为后世树立的光辉榜样。1782年，他拒绝部下尼古拉上校皇袍加身的建议，消除了君主制对美国的威胁。次年英国承认美国独立之后，他以功成而辞去一切公职，回乡务农。

1787年9月的一天，富兰克林走出制宪会议大厅，费城市长的夫人问他，新国家将是什么样？富兰克林回答说："一个共和国，夫人，如果您能够维持它。"不仅如此，当时华盛顿也估计制宪会议拟定的宪法能维持20年就算不错了。这反映了新生美国的不明朗的前景。后来的历史发展却是这部宪法200多年来一直延用。之所以有此，华盛顿的努力和影响是功不可没的。

1797年，华盛顿在连任两届总统之后，再次自行引退。当时美国宪法尚无任期限制，他完全可以当一个终身总统，因为没有别人比他更受爱戴与敬仰。但是1796年秋天，华盛顿还不到65岁，就向人民发表告别词，说自己"年事增高，越来越感到退休的必要"，因此"下定决心谢绝将我列为候选人"。可以说华盛顿开创了总统任期不超过两届的行使先例，弥补了美国宪法的严重缺陷，为消除个人独裁的隐患提供了一个弥足珍贵的惯例。

人的一生是短暂的，而一个组织、政党或国家的存续时间在理论上来说却是可以不受限制的。当一个人的功业达到顶峰的时候，也就是该考虑引退的时候了，因为他不能使自己个人的顶峰成为集体发展历程的制高点，否则整个集体的生命将随同其个人一起衰老、死亡，这是不符合“道”无尽循环之意的。

就今天某些企业的发展来看，也能发现同样的道理。有的企业领导者，个人成就辉煌，但是后继者却往往不能使企业更上一层楼，这就是因为之前的领导者不能够功成身退，或者在退位后仍然把持企业的重要命脉，使得个人成为企业的灵魂，而一旦自己不在了，企业就会难振雄风。

其他事物也是一样，都有其能量的存在，过于发挥这种能量，也就是在加速它们的消亡。火烧得最旺的时候，也就离它熄灭的时候不远了。

因此，在生活中，牢记“高处不胜寒”的真理；在我们的人生中，及时地把握自己的船舵，给自己再制定一个更高的“高度”。

在忙碌中更能领悟生活的乐趣和意义

不要去羡慕那些一杯水、一张报过一天的人，不要去羡慕那些因为太悠闲以至于无所事事的人，他们生活的单调与枯燥，他们内心的贫瘠与空虚是你所无法容忍的。忙碌的人其实非常愉快，他的辛勤耕耘足以让他雀跃不已，他的工作成果足以让他引以为豪。我们常常说，属于自己的时间太少了，实在是太忙了。其实，我们应该庆幸老天没有让我们太闲，我们还拥有一份忙碌与充实。因为忙，我们不得不合理安排自己的时间，不得不珍惜每一分钟，不得不在有限的时间里做尽可能多的事，不得不用最短的时间，将手中的事情做得更好。于是，我们的生活里便多了一份惊喜、多了一分收获；人生就在忙碌中悄悄有了丰硕的成果。正因为忙，我们才体会到“闲”的可贵。半日的休闲会让我们欣喜，一日的野游也让我们难以忘怀，几日的远足更让我们仔细品味，回味无穷。这时我们才发现：放下俗务，一洗胸襟，这种“忙里偷闲”的感觉是这样的美好，这样的妙不可言。于是，我们在忙碌中更加懂得了生活的乐趣。

正因为忙，我们不得不让自己勤快起来，去做一些有意义的事情：锻炼身体、努力工作、认真读书，不再睡懒觉、不再打一宿牌、不再看通宵电影。于是，生活变得更加美好，世界变得更加精彩，生命也就在忙碌中渐渐有了不一样的价值。正因为忙，我们过得更加的充实。没有时间、没有精力去胡思乱想，才不至于“少年不识愁滋味，为赋新词强说愁”。因为忙，我们才更加懂得时间的可贵，才发现时光飞逝，逝者如斯夫；才深刻地体会到为什么“吾生待明日，万事成蹉跎”，为什么“少壮不努力，老大徒伤悲”。

前不久，在《中国青年报》上刊登的“当代大学生的择业观”时，选择“收入稳定、工作清闲，每天只工作5个小时”的工作方式的大学生只占21%。这充分说明当代许多大学生愿意通过忙碌的工作，来换取充实而富裕的生活。时光在流金岁月中飞逝，空间在万水千山中定格。

人生需要忙碌，青春更需要忙碌。青春是屋顶上燕子的呢喃，青春是山坡中山花的烂漫。青春是读不尽的眼角眉梢的热忱，青春是道不完的心灵深处的激情。忙碌使青春更加充实、更加亮丽、更加辉煌、更加夺目。诚如一篇文章中写的那样：“忙”是实现自己的希望和理想；“忙”是无愧于青春的奉献；“忙”是奏响人生新的交响。是忙碌的人推动了这个社会。

朋友，心中温馨的期盼是未来真实的投影，美丽的梦用真情去点燃就不会搁浅，清香的风中有你我用真心、用青春许下的无悔的承诺。选择忙碌，就选择了一份充实的生活，一份锦绣的前程，一个幸福的人生。

法国雕塑家罗丹说：“忙碌就是人生的价值，人生的欢乐，也是幸福之所在。”英国作家卡莱尔说：“忙碌是个人最健康的锻炼。”

许多心理学家经过研究得出共同结论：忙碌有益于健康。美国心理学博士雷米曾做过专门研究，发现世界上最忙碌最紧张的名人们，通常要比普通人寿命高出29%；失业率每增加1%，死亡率增加2%。他还发现，外出忙碌的妇女，要比家庭妇女发病率低，不忙碌的人比忙碌的人健康状况差。这其中的道理并不复杂：紧张的忙碌可以排除人们的孤独感、寂寞感与忧愁感，给人带来充实和欢乐，使人保持良好的情绪。

现代医学认为，良好的情绪是维护正常生理机能的前提，是防病治病的重要因素。有些科学家因此把情绪称为“生命的指挥棒”“健康的寒暑表”，认为美好的心情胜过良药。革命导师马克思说过“一种美好的心情，比十服良药更能解除生理上的疲惫和痛楚。”人活着总要有事干才好，不然心里空荡荡的不是个滋味。西方有句格言：“存在就是做事。”

美国有一位著名的儿科医生叫雷莉丝，从医学院毕业后开始行医至今已有70多年，经她治愈的儿童不计其数，至今仍然孜孜不倦地为孩子们看病，每天至少忙碌12个小时。她被美国医学协会确认为目前仍在行医的年龄最大的儿科医生。雷莉丝87岁时曾有过短暂的退休生活，4年后丈夫不幸去世，孤寂的生活使她重返忙碌岗位，那年她已91岁高龄，在家乡开了一个诊所，前来就诊的患者络绎不绝。她不但医术高明，医德亦很高尚，遇到有的病人付不起医药费，她就慷慨地免掉。她还经常夜里出诊，即使是凌晨2点钟，只要有人求诊，她也会毫不犹豫地披上白衣大褂应诊。她用亲身经历向社会证明：对有些人来说，高龄并不是忙碌的障碍。她说："很多上了年纪的人喜欢旅游，但我喜欢忙碌。只要有忙碌，我就感到其乐无穷。生活有规律，保持心情愉快，做自己喜欢做的事，这就是我的幸福长寿之道。"唐代大医学家孙思邈，幼时体弱多病，由于家境贫寒，经常无钱求医。后来他发愤学医，终于成为一位德高医精的名医。他"博极医源，精勤不倦"，既要为患者治病，又要进入深山老林采药，忙得不亦乐乎，还要坚持学习，正如他自己所说"白首之年，手不释卷"，真正做到了活到老，学到老，干到老。由于他勤奋忙碌，生活充实，精神有所寄托，心情十分愉快，所以身体健康，老当益壮，终于由一个羸弱多病的患者，变成了一个年逾百岁的大寿星，据史书记载他活了101岁。

中国人也常说："有事则长寿。"当然，这里所说的忙碌，并不是说可以不顾身体条件忙个不停，可以牺牲休息和体育锻炼。而是说要从自己的实际出发，在劳逸结合、劳逸适度的前提下，多做一些力所能及的事，多做一些于社会于家庭有益的事。这样虽然忙忙碌碌、紧紧张张，但思想充实、精神愉快，既可以除却无以聊赖之寂寞，又有利于健康长寿，我们何乐而不为？没有一个健康的身体，幸福从何谈起？忙碌不是把身体拖垮，而是长寿的良药，所以大家与其活在无聊的痛苦中，不如活在忙碌的幸福里。

生活方式与习惯决定身体的健康

如果一个人总是酗酒、抽烟、熬夜、偏食、厌食、暴饮、暴食，那么很难相信他能有一个良好的身体状况。而没有一个好的身体素质，做好工作和事业只能成为一句空话。

良好的生活习惯是确保自己拥有健康体魄，保证工作顺利进行的重要基础。如果你想让自己的生活有节奏、有规律，那么首先就必须摒弃那些不良的生活方式。

在我们的日常生活中，各种各样的生活陋习随处可见。有的人喜欢吃高糖、高脂的食品，尤其是对快餐表现出了极其浓厚的兴趣，吃起来没有节制；有的人长时间上网聊天或玩游戏，紧张的神经得不到休息。

另外，许多上班族学习和工作的压力大、时间长，进行身体锻炼的时间很少。这些不利因素会导致人们肥胖，而肥胖会使心脑血管病、心脏病、高血压、糖尿病等慢性病的发病率大大增高。

从具体方面来说，大量地抽烟、酗酒、饮食无规律、饮食结构不合理、缺乏运动以及烦躁的情绪等这些不良生活方式，都是造成身体素质恶化的重要原因。为此，建议大家在生活中做到以下几点：

一、保证充足的睡眠

作为人体重要的有机部分，大脑是一切思维、意识产生的源泉。大脑内部的结构与组织异常复杂，这种结构与组织合理与否直接决定着人们工作业绩的多寡以及大脑潜能激发的强弱。因此，大脑不仅需要自身内在的调节，而且需要外在物质营养的供给。

人们是否注重自己大脑的保健、锻炼以及脑内知识结构合理与否，决定着人们能否有效地学习和工作。人们在进行脑力劳动的时候需要消耗大量的能量。要使人们的大脑保持旺盛的精力，仅依靠精神的鼓励与引导是不够的，还需要加强大脑营养的合理供给，保持糖类、蛋白质、维生素、脂类等各种营养物质的平衡，并注意适当的休息和科学的锻炼。

科学研究表明：大脑重量仅占身体重量的1／50，而其消耗的氧与血红蛋白却占身体其他部分消耗量的1／5。一旦大脑营养的消耗量大大超过其补充量时，即会出现抑制状态。长期睡眠不足或睡眠质量太差会加速脑细胞的衰退。

心理学家盖尔特在实验时发现：在睡眠不足的状态下记忆的事物，比在睡眠充裕的状态下所记的事物，从质到量都低很多。学习后立刻睡觉的学生，2小时之内记忆力会降低，而过了2小时，记忆力会维持在原来的程度。但那些学习后没有去睡觉的学生，8小时后记忆力会急剧地下降。可见熬夜读书是一件很不明智的事。

因此，你要保证充足的休息与睡眠。睡眠是解除人们身心疲劳的最好方式。每个人的一生都要用约三分之一的时间来睡眠。大脑的神经细胞工作能力是有限的，超过了限度，大脑皮层便会形成保护性抑制，就会出现疲劳、头昏脑胀、食欲不振的现象。因此我们需要每天保证必要的睡眠时间，让大脑充足休息。同时，每天中午最好安排半个小时的午休，以保证自己以饱满的精神状态投入到工作中，提高工作效率。

二、要坚决戒烟

科学研究表明，香烟在燃烧过程中释放出的主要化学物质有几十种，其中以焦油、尼古丁、一氧化碳及其他致癌物质对人体损害最大。香烟烟雾中的化学物质直接和间接被人体吸收后，对呼吸、消化、心血管、神经系统等都有不同程度的影响，香烟中的尼古丁和焦油，可引起诸如高血压、肺癌、四肢血管硬化、心绞痛、糖尿病、中风等多种疾病。

研究结果还表明，香烟中的一氧化碳和尼古丁会影响心脏机能，抽烟者患心脏病的危险比常人大3倍，抽烟者比非抽烟者患肺癌的危险性大3.5

倍，比非抽烟者因肺癌死亡者多4倍，抽烟者的平均寿命比不抽烟的人士短3年。由此可见，抽烟基本相当于慢性自杀。

因此，必须坚决戒烟。这样不仅有助于个人的健康，而且也有益于他人的健康。

三、要控制饮酒

大家知道，酒精对大脑具有一定的危害。长期过度喝酒将对心血管系统造成损害，尤其是损害肝功能，导致肝硬化和脂肪肝。酒精慢性中毒会出现神经衰弱、手脚麻木等病变，使人变得消瘦，严重影响身体健康。

四、注意饮食结构的营养均衡

尽量少吃高脂肪的食物，多吃新鲜的蔬菜、水果，平时少吃零食，经常吃零食会影响胃里消化液的正常分泌，降低食欲，同时还会使食物积聚在肠胃里引起消化不良。注重早餐营养，控制晚间加餐。通常情况下，每日主食量不要过多。

只有养成好的习惯，才会有好的身体。一个想在事业上有大成就的人，必须像珍惜生命一样珍爱自己的身体。除了尽量养成有规律的生活习惯之外，还要注意适当运动，加强锻炼，增强自己的身体素质。

当今时代，各种各样的健身运动层出不穷，蔚然成风。可以充分促进人的心肺功能的健骑机和跑步机等成为耐力训练的最好器械。人们完全不必像从前那样骑着自行车外出锻炼，而只需要选择适当的器械在家中便可以很好地进行运动。

许多智能化的运动器械都还设置了数据统计系统，你只需按一下按钮，便可以随时通过屏幕知道自己在训练中的强度和效果，以及消耗了多少热量等等。

与此同时，骑自行车或长跑因为简单、方便仍然是人们最喜欢的运动方式之一。专家还提醒：为了让你的健身运动充满活力和乐趣，每个人都应该不断地去尝试各种不同的运动方式，如游泳和散步也是非常不错的选择。

一个人究竟该多长时间参加一次健身运动，这个标准因人而异。专家提醒，假如你只是为了强身健体，那么每周参加4次每次30分钟的训练就可以了。

拥有一个健康的体魄是每一个渴望获得成功的人的必备前提。因此，你必须站在为自己的未来负责的高度，坚决摒弃自己身上的各种陋习。同时，适当地加强体育锻炼，经常运动，从各方面提高自己的身体素质，为迎接工作和事业上的各种挑战奠定良好的基础。

一次只打开一个抽屉

学会集中注意力，针对工作目标用心去做。把你需要做的事想像成是一大排抽屉中的一个个小抽屉。你的工作只是一次拉开一个抽屉，令人满意地完成抽屉内的工作，然后将抽屉推回去。不要总想着所有的抽屉，而要将精力集中于你已经打开的那个抽屉。

每个人都想不断地提升自己，从而达到更高的成功程度。那么，自我提升的最好的方法之一就是跟着自己的目标前进。

目标犹如一盏阿拉丁神灯，它能帮助我们提升自己的期望，但是常常有人说："我的麻烦出在没有目标。"他的话表明了他不明白目标的真实含义，实际上逃避痛苦走向快乐就是我们人生的目的。因此，每个人要有目标，问题是此目标是否让我们付诸行动。

但同时，我们应牢记：有什么样的目标就会有什么样的人生，目标对于我们人生就好像播下的种子。因此，如果我们盼望充分发挥潜能，那么就要制定一个宏伟的目标。

我们不妨一起来看一下富兰克林·罗斯福是如何实现自己的"目标"的。

8 岁的富兰克林·罗斯福是一个脆弱胆小的男孩，脸上总是显露着惊惧的表情。他呼吸就像喘气一样，在学校里，如果喊他起来背诵课文，他就会两腿发软，颤抖不已，回答得含混不清，然后就颓丧地坐下来，脸色难看极了。

但是，他从小心中却有一个伟大的梦想——一定要成为伟大的人。这就是他的“目标”。

有这一目标，他最后终于摆脱了消极心理的影响，他的缺陷促使他更加努力地去奋斗，他并没有因为同伴对他的嘲笑而失去勇气。

他把喘气的习惯变成了一种坚定的嘶声，他用坚强的意志，咬紧自己的牙床使嘴唇不颤抖而克服恐惧。就是凭着这种精神，凭着对自己未来的心理暗示，保持积极的心态，不断努力奋斗，罗斯福最后终于当上了美国总统。

假如罗斯福只是看到自己身体的缺陷，不去定立目标，那么，他就可能一生不会有什么作为。

罗斯福成功的主要因素在于他有明确的奋斗目标，想成为伟大的人物，使他激发起了积极的心态，并朝着这一伟大的目标前进，最终实现了自己的梦想，改变了自己的命运。

有一位叫罗伯特的美国人，是一位拥有出色业绩的推销员，他一直都希望能跻身于最高业绩的行列中。但是一开始这只不过是他的一个愿望，从没真正去争取过。直到5年后的一天，他突然想起了一句话：“如果让目标更加明确，就会有实现的一天。”

他当晚就开始设定自己希望的总业绩，然后再逐渐增加，这里提高5％，那里提高１０％，结果顾客却增加了２０％，甚至更高，这激发了罗伯特的热情。从此，他不论什么状况，每个交易，都会设立一个明确的数字作为目标，并在二三个月内完成。

罗伯特说：“我觉得，目标越是明确越感到自己对达成目标有股强烈的自信与决心。”他的计划里包括：地位、收入、能力，他把所有的访问都准备得充分完善，相关的业界知识加之多方面的努力积累，他终于在第一年的年终，使自己的业绩创造了空前的记录，以后的效果更佳。

一旦一个员工拥有了明确的工作目标，再增加一定能成功的信心，也就是已经成功了一半。但是要想获得另一半的成功，尚需付出坚持不懈、锲而不舍的努力，把全部的注意力集中于工作目标之上，直到你实现工作目标为止。

一个人的精力是有限的，把精力分散在几件事情上不是明智的选择。

一些不同领域成功人士的经历对普通员工如何实现自己的目标会有一些有益的启示：李斯特在听过一次演说后，内心充满了成为一名伟大律师的欲望，他把一切心力专注于这项目标，结果成为美国最出色的律师之一。

伊斯特曼致力于生产柯达相机，这为他赚进了数不清的金钱，也为无数人带来了无比的乐趣。

海伦·凯勒专注于学习说话，因此，尽管她又聋、又哑，而且又瞎，但她还是实现了自己的这个目标。

可以看出，所有出类拔萃的人物，都把某一个明确而特殊的目标当作他们努力的主要推动力。

每个人都有让自己出色的欲望，那么，集中所有的精力和心态去坚持不懈地追求一种值得追求的事业，放弃其他无关的事情，你绝不可能失败。

优秀的人是那些全力以赴、锲而不舍提升自己的人，他们一锤又一锤地敲打着同一个地方，直到实现自己的愿望。我们这个时代的成功者是那些在自己的领域无所不知，对自己的目标坚定不移，做事专心致志、精益求精的人。“泛而杂”在职业生活中是一个致命的弱点。

在职场的激烈竞争中，如果你能向一个目标集中注意力，便会很快做出成绩，脱颖而出的机会将大大增加。

走一步就踏出一个脚印

无论你是一个多么有能耐的人，都必须踏踏实实地走好人生的每一步，绝不能因好高骛远的态度，而给自己增设成功的障碍。

一个人能否获得成功，其个人能力非常重要。但是，我们经常发现，很多能力尚可的人，却没有获得成功。原因是什么呢?心理学家说："能力是基础，工作态度则是充分发挥能力的保证。以前有很多调查都表明了踏实的工作态度对工作的成功影响是非常大的。"有很多人，虽然能力很出色，但是缺乏踏实做事的意识与心态，往往不能出色地完成工作；相反，有的人虽然个人能力不是很出色，但他们做事非常踏实，反而能够出色地完成工作。

脚踏实地，是一个职场人士所必备的素质，也是实现你加薪升职、成就一番事业的关键因素，自以为是、自高自大、好高骛远，是脚踏实地工作的最大敌人。你若时时把自己看得高人一等，处处表现得比别人聪明，那么你就会不屑于做别人的工作，不屑于做小事、做基础的事。

一个做事不够踏实，好高骛远的人，往往会使自己的工作陷入无法自拔的尴尬境地。

道尼斯从学校毕业后，直接进了一家非常有实力的大型企业，他的能力得到了主管的认可。在公司里，他可谓平步青云，没过多久，他自己也成了主管。但是他却有一个致命的缺点：做事不够踏实。有一次，公司交给他一个专案，要他单独完成。虽然这是对他的考验，但也是对他能力的承认，因为其他人的能力不足。他认为这不过是一次简单的工作罢了，也就没有比其他工作更重视。但是，没过多久就传出他被公司处罚的消息。原来，因为他在做决定的时候不够谨慎，所负责的专案出现了严重的差错。以前，他也犯过同样的错误，当时主管看他比较年轻，而且潜力很大，希望他吸取教训能够改掉。没想到，他现在依然没有改掉这个毛病，终于给公司带来非常大的麻烦。他自己也知道这件事情的结果比较严重，所以主动要求接受处罚，辞去主管职务。他并非能力不足，而是做事不够踏实。

因此，职场中的每个人要想实现自己的理想，就必须调整好自己的心态，脚踏实地，从一点一滴的小事做起，从最基础的工作开始，全力以赴，这样会使你越发能干，不断地提高自己的能力，为开始自己的职业生涯积累雄厚的实力。

那么，在工作中，作为员工就应该从以下几个方面做起：

第一，认真完成自己的工作。无论你是做基础的工作，还是高层的管理工作，都要把自己的全部精力放在工作上，并且任劳任怨，努力钻研。这样才能在工作中逐渐提高自己的业务水平，成为企业不可或缺的人才。

第二，在工作中，拥有一颗平常心，不要因为情绪的波动而影响到工作的顺利进行。

脚踏实地的人，很容易控制自己心中的激情，避免设定高不可攀、不切实际的目标，也不会凭借侥幸去瞎碰，而是认认真真地走好每一步，踏踏实实地用好每一分钟，甘于从基础工作做起，并能时时看到自己的差距。

那些自以为聪明，极容易头脑发热，不自量力地承受具有极高难度的工作，脱离自身，没有自知之明的人，结果会输得惨不忍睹，而如果能够正确掂量一下自己有多大的本事，有多少能耐，就不会赤膊上阵做傻事。适当的笨拙可让你遇事三思，分析自己的长处和缺点，权衡利弊之后再动手，并时常拿实力与自信相权衡，不逞匹夫之勇，如果冒险了就一定要有所收获。

在“聪明人”都不愿意做基础工作时，认真地对待自己的工作，在自己的专业领域里潜心研究、埋头苦干，不要让自己的聪明才智埋没在耍小聪明上。

职场中的人要记住：只有脚踏实地，才能显出真正的聪明，才能成就一番事业。

因此，如果你希望得到老板的重用，就应该踏踏实实地工作，摒弃下面几种有害的想法：

第一，凭我的本事，这份工作不值得我去做。

第二，工作速度要快，质量勉强应付过去就行了。

第三，现在的工作只是跳板，只要完成任务就可以了。

即使你目前所做的工作不是你理想的工作或者不适合你，也不可以抱有这种不负责任的想法。你可以把它当做一个学习机会，从中学习处理业务，或者学习人际交往，而认真地做好这份工作，这样不但可以获得很多知识，还为以后的工作打下了良好基础。“即使能力有限，我也要承担下来此项工作，这样别人就会对我刮目相看。”很多人为了表现自己高人一等，与众不同，而去承担有较高难度的工作，结果反而把工作搞砸了。

不要被曾经的链子拴住

在一定意义上，创新与成功是一致的，要成功必须创新。

每个人要想突出自身的创造力，必须敢于打破思维的条条框框，敢于创新。

曾经有一位社会学家做了一项调查后得出结论：凡是能够成功打破常规的人，都能在人生之路上赢得成功。很多时候，我们没有成功，只是因为我们心中有一种局限，不能突破自我。

亨利在看完马戏团精彩的表演后，随着父亲到外面去观看表演完的动物。亨利注意到一旁的大象群，问父亲：“爸爸，大象的力气那么大，为什么它们的脚上只系着一条小小的铁链，难道它们不能挣开那条铁链逃跑吗?”父亲笑了笑，耐心地为儿子解释：“没错，大象是挣不开那条细细的铁链。在大象还小的时候，驯兽师就是用同样的铁链来系住小象。那时候的小象，力气还不够大，起初它也想挣开铁链的束缚，可是试过几次之后，知道自己的力气不足以挣开铁链，也就放弃了挣脱的念头。等小象长成大象后，它就甘心受那条铁链的限制，而不再想逃脱了。”

驯兽师聪明地利用了一条铁链限制了大象。在工作环境中，是否也有许多铁链在束缚我们?而很多时候，我们并没有意识到这一点，将其视为理所当然。于是，我们独特的创新被抹杀，认为自己无法成功。

在现代职场中，许多人对工作重守不重攻，一切因循守旧，缺乏创新精神。他们认为创新是老板的事，与己无关，自己只要做好分内的工作，对得起那份薪水就可以了。

千万不要这么想，要知道，上帝是公平的，谁也不比谁强，谁也不比谁差。你拥有的，别人同样也拥有。要想提升自我，高人一筹，“创新”是你最大的成功砝码。

纵观事业上取得成功的员工，他们一般都不是那种从常规去考虑问题的人，而是能够站在创新的立场上考虑各种问题的人。敢于突破、敢于创新的员工，常常是老板迫切需要的。因为员工的创新力的高低，很大程度上决定着公司创新力的高低，而公司的创新力，又决定着公司的竞争力。

几年前，一位年轻男子进入美国某大电机制造公司的洛杉矶营业所，他的名字叫乔治。进入公司后，乔治就决心把自己的工作做好。他不计较其他的推销员的推销比他多或少，只顾全心全意地做自己应做的——到商店销售更多的收音机。

推销工作干起来并不轻松。在商标意识相当浓厚，形成连锁经营的超级商场，要说服人们去销售一种名气不大的公司的产品，当然不是一件容易的事。经过苦思冥想，乔治设计出一种新的营销战略：

首先锁定几家连锁商店的特约经销处。然后过段时间定期巡回各家商店，拟定各种展示方法。最后对于连锁店的各直销店，积极展开销售工作。

各连锁商店对于乔治的新方式和服务相当满意，各店的销售量不断增加，所以他们对乔治渐生好感。过去没有销售过这种收音机的商店，现在也开始向乔治定货了。采用新形式的商店越来越多，乔治的销售成绩也直线上升，一跃登上销售冠军宝座。

在纽约的总公司对这位自有一套的年轻人甚为关注。公司的销售主管赶到洛杉矶，实地调查原因，当他听了乔治的说明后，相当佩服他的创造性。不久，乔治被调到总公司，成为公司销售部的零售主管。

创造性的眼光，可以使员工摆脱本行业的条条框框，突出自身的创造力。当你尝试从不同的角度来看事物时，创新的智慧会让你得出独到的策略，这将有助于你征服老板的心。

在这个以新求胜、以新求发展的社会，作为一名员工，要想在自己的领域里成功，就必须在工作中注入“创新”。工作因“创新”而卓越。

那么，当我们在人生的某个平凡的位置上徘徊的时候，就主动、积极地创新求变吧！

给自己一次发挥潜能的机会

任何成功者都不是天生的，成功的根本原因是开发了人的无穷的潜能，只要你抱着积极心态去开发你的潜能，你就会有用不完的能量，你的能力就会越用越强，你的人生就会越来越灿烂。相反，如果你不去开发自己的潜能，那你就只会叹息命运不公并且越来越消极无能。每一个人的体内都有相当大的潜能，爱迪生曾经说："如果我们做出所有我们能做的事情，我们毫无疑问地会使我们自己大吃一惊。"从这句话中，我们可以提出一个相当科学的问题："你一生有没有使自己惊奇过？"

常常听到很多碌碌无为的人感叹："没办法，我就是这个样子，没法改变了。"这句话是剂毒药，它使许多人甘愿平庸地生活，没有认识到自己只要经过自我挖掘，便会显示出非凡的力量。

众多的生活基本原则都是包含在我们大多数人永远不会去注意的最普通的日常生活经验中，同样的，真正的机会也经常藏匿在看来并不重要的生活琐事中。你可以立刻去询问你所遇到的任何10个人，问他们为什么不能在他们所从事的行业中获得更大的成就，这10个人当中，至少有9个会告诉你，他们并未获得好机会。你可以对他们的行为作一整天的观察，以便对这9个人作更进一步的正确分析，结果你将会发现，他们在这一天的每个小时当中，正不知不觉地把自动来到他们面前的好机会推掉了。

如果你将来想做一个非凡的成功者，那你就去体验一次精疲力竭的

感觉。精疲力竭是人生理的一个重要感觉，它会使你重新认识自我，重新发现自我的生命中原来有如此多的宝石，重新拥有全新的人生。你也许会问，到哪里去体验精疲力竭的感觉？其实事情很简单，假如你每天晨练只跑2000米并认为这个路程是你身体所承受的极限，那么，在某一天早晨，你就命令自己要跑上8000米，你也许会被自己这个命令所吓傻，认为那是完全不可能的，跑8000米自己肯定会累死的。但你千万不要犹豫，更不要循规蹈矩地跑完2000米就罢休。你不是要体验精疲力竭的感觉吗？那你就继续跑下去。当你跑到5000米时，你也许会感到头重脚轻，双眼发花，心脏似乎要跳出胸外。但你千万不要去管这一切，你只要跑下去跑下去，终于你跑完了8000米，你觉得自己快不行了，天旋地转，浑身酸痛，感到彻底精疲力竭了。有了这次的体验，你惊讶地发现你在一个早晨竟然跑完了四个早晨的路程，你根本没有想到自己的身体竟有如此的潜能。

一个一生都没有使自己惊奇过的人是永远不会成功的。很多杰出的成功者，在他们很年轻的时候，不仅使自己惊奇过，而且使周围的人都为他们惊奇。

闻名遐迩的松下电器创始人松下幸之助先生在他几十年的经营实践中特别强调对人自身潜力的挖掘。松下幸之助先生认为，潜力日以继夜地存于体内，以一种不为人知的程序利用了无穷尽的智能力量；这种力量可以把一个人的欲望转化成现实，重要的是你能否控制住这种力量。

松下幸之助1894年11月27日出生在日本歌山县一个农民家庭。两个哥哥因病早逝，父亲把全部希望都寄托在这个唯一的儿子身上。由于父亲做大米生意失败，他9岁时被迫辍学，先后在火盆店、自行车行学徒，苦苦干了7年。这期间，他曾几次萌发不想干的念头，但想起父亲希望他能当一个实业家的期望，他又激励自己坚持下去。松下先生后来回忆这段少年时光，常常抑制不住内心的激动，说正是少年的那段时光才奠定了他以后的人生道路。那 7 年中，他常常有精疲力竭的感觉，觉得人生实在重得像座大山，他没有能力背负这座大山。可每次萌生这种念头时，松下先生也常常想，难道自己这一生就这样下去吗？这正是少年的松下不同于常人的地方。当精疲力竭的感觉一次次袭向少年的松下时，松下并没有绝望、消沉乃至放弃，而是积极地挖掘自身潜能，执著地重塑自己。1901年，松下幸之助在某电灯公司已有了一个非常稳定的职位，但他还是下决心自己办企业并着手制造和销售电灯插座。1918年松下电器创作所正式开业，他任厂长，职工仅他的妻子和内弟二人。开始生产电灯插座时，销路并不理想，10天时间仅卖出100个。经营上的失败曾使他陷入窘迫的境地，不得不靠典当妻子的衣服和首饰来维持。这时候松下幸之助又一次体验了他青年时期的精疲力竭感觉。他当时又烦恼又绝望，晚上常无法入睡，被忧虑和恐惧紧紧抓住，他身体越来越虚弱，精神和肉体几近崩溃，觉得一丝希望也看不到，没有任何事物可依靠，没有任何人可倾诉，他觉得这世上已没有一个朋友，甚至连家里人也反对他。松下幸之助如果在这时绝望乃至崩溃，就不会有今天遍布全球的松下电器。松下幸之助说："我当时只是每日重复一句话，我既然度过昨天，就能熬过今天。"正是由于松下对事业执著的追求，在困境中不退缩，终于使新型的电灯插座畅销，积累了资金并扩大工厂。1925年，松下先生为自行车电池灯率先注册了风靡世界的商标。在二次大战期间，为适应军事上的需要，建立了松下造船厂、飞机厂等。这时松下公司已拥有1.5万名员工。到1983年，松下公司有流动和固定资产16232亿日元，职工11.2万人；有110家工厂，23所研究机构；在国外附设70多家制造公司和销售公司，公司规模在日本电器行业中居第二位，在世界50家大公司中，松下列39位。松下幸之助在公司内，多年来一直讲着同一个寓言——一只鹰自以为是鸡的寓言，他不断地告诫公司职员，要随时随地挖掘自身潜力，你不是一只小鸡，而是一只属于蓝天的鹰。

寓言说，一个喜欢冒险的男孩爬到父亲养鸡场附近的一座山上去，发现了一个鹰巢。他从巢里拿了一只鹰蛋，带回养鸡场，把鹰蛋和鸡蛋混在一起，让一只母鸡来孵。孵出来的小鸡群里有一只小鹰，小鹰和小鸡一起长大，因而不知道自己除了是小鸡外还会是什么。它很满足，过着和鸡一样的生活。但是，当它逐渐长大的时候，内心里就有一种奇特不安的感觉：它不时想，我一定不是一只鸡！只是它一直没有采取什么行动。直到有一天，一只老鹰翱翔在养鸡场的上空，小鹰感觉到自己的双翼有一股奇特的力量，感觉胸膛里的心脏猛烈地跳着。它抬头看着老鹰的时候，一种想法出现在脑中：养鸡场不是我待的地方，我要飞上青天，栖息在山岩之上。它从来没有飞过，但是它的内心里有着力量和天性。它展开了双翅，飞升到一座矮山的顶上。极为兴奋之下，它再飞到更高的山顶上，最后冲上了蓝天，它发现了辽阔的蓝天，更发现了伟大的自己。

当你听到这个寓言时，你也许会说："这不过是个很好的寓言而已。我既非鸡，也非鹰。我只是一个人，而且是个平凡人，因此，我从没期望过有什么了不起的事业。"或许这正是问题的所在——你从来没有期望过自己能够做出什么了不起的事来。这是实情，而且这是严重的事实，那就是你只把自己钉在你自我期望的范围之内，你没有超越的渴望，更没有深挖隐藏在你体内的巨大潜力。但人体确实具有比表现出来的更多的才气，更多的能力，更有效的机能，它们犹如隐藏在海水之下的冰山，只待你去积极地发现。不论有什么样的困难或危机影响到你的状况，只要你认为自己行，就能够处理和解决这些困难或危机。对你的能力抱着肯定的想法，就能发挥出积极的潜力，并且因而产生有效的行动。

让我们来看一个平凡的人在瞬间所爆发出的巨大潜力的故事，他既不是松下幸之助，更不是洛克菲勒，他仅仅是个平凡人。

当一个普普通通的农夫看到自己的儿子被突然翻倒的卡车压在车下时，这个160厘米高、60公斤重的农夫毫不犹豫地跳进水沟，双手伸到车下，把车子抬高了起来，让另一个跑来援助的人把孩子救了出来。当地医生很快赶来了，给男孩检查了一遍，只有一点皮肉伤，其他毫无损伤。这个时候，农夫开始觉得奇怪了，刚才他去抬车子时根本没有想一下自己是不是抬得动。出于好奇，他就再试了一次，结果根本就动不了那辆车子。医生说这是奇迹，他解释说身体机能对紧急状况产生反应时，肾上腺就大量分泌出激素，传到整个身体，产生出额外的能量。这就是他可以给出的唯一解释。要分泌出那么多肾上激素，首先当然得有那么多腺体存在。如果没有，任何危害都不足以使它们分泌出来。这一类事情还告诉了另一项更重要的事实，农夫在危急情况下产生了一阵超常的力量，并不光是肉体反应，它还涉及到心智和精神的力量。当他看到自己的儿子可能要被压死的时候，他的心智反应是要去救儿子。可以说是精神上的肾上腺引发出潜在的力量。而如果情况需要更大的体力，心智状态就可以产生出更大的力量。

你现在也是个平凡人，但你将来也许会是个格外非凡的人，在你未来的道路上，你也许会常常感到精疲力竭，一种是马拉松式的，一种是瞬间突发式的。不论是哪种，于你而言既是一种幸福又是一种考验。幸福的是挖掘你生命内在巨大潜力的机会垂青于你，考验的是你能勇猛无前地抵抗住这一切，还是低沉消极地被这一切压垮。生活中被压垮的永远是多数，所以芸芸众生中，成功者永远是凤毛麟角。

有一句老话说："在命运向你掷来一把刀的时候，你要抓住它的两个地方：刀口或刀柄。"如果你抓住刀口，它会割伤你，甚至让你死；但是如果你抓住刀柄，你就可以用它来杀开一条大道。换句话说，让挑战提高你的战斗精神和人生品质。你没有挑战未来的勇气，没有打碎旧有的你，深挖出具有巨大潜力的新你，没有充足的战斗精神，你就不可能有任何的成就。因此你首先要正视自己，相信自己，尤其在你消沉绝望的时候，你要告诫自己，这种绝望仅仅是黎明前的黑暗而已，你内心充满灿烂的光明，这种内心光明的巨大潜力足以在你心智的引导下冲出体外，将阻挡你的所有障碍击碎。你要永远记住这样一句话才会一步步走向成功，那就是——你生命中有着无穷无尽的潜力。

不要为失败和逃避找借口

在面对失败或困难时，一些人总是习惯于找借口逃避，他们没有意识到这个小小的习惯，给他们带来怎样的危害——他们成功的机会就在不断的借口中丢失了。

借口只是在为自己的无能开脱，与其花时间找借口，还不如把精力放在努力做事上。

约瑟夫每天早晨6点钟要到达弗兰克林街的办公室，在7点钟办事员们到来之前把全部办公室打扫好。白天一整天，还得为一位患病的董事，来回不断地送热水。

周薪升到5美元的时候，约瑟夫断然地申请到外面去推销毛纺织品。他既年轻，身体又弱小，然而却得到准许，做起了推销员。不久，他便能取得订货了。

著名的1888年大风雪袭击了全纽约。就在这次大灾难之后不久，一般推销员都在将近中午时分就赶到弗兰克林街的办公室，争先恐后地集拢到火炉旁，尽兴地聊着天。

那天下午相当晚了，大门开处，一股寒冷刺骨的北风直冲进来。同时，几乎冻僵了的约瑟夫，像醉汉似的摇晃着蹒跚地走了进来。

“是不是董事先生来上班了。”老资格的推销员讽刺地说。

“不过，我把今天应做的工作做完了。”约瑟夫回答道，“像这样的大雪，我更加奋发。而且在这样的天气里，不会有竞争的对手，所以给客人们看了更多的样本。我今天得到了43件订货。”

约瑟夫立刻晋升为正式的推销员，薪水也加倍了。他后来成了世界最大的不动产商人。他知道，“今天不成”和“永远不成”两者意思相同。

怠惰者常能找到无穷的借口。比如做某件事情，天太热了，或者说，太冷了，下雨不便，风刮得太大，天气变坏了，等等。他们在说这些话的时候，错过了良好的机会，终至不可救药。

“要有更好的工作地方，设备更加齐全的地方……”这也是常见的辩解之辞。

“周围的人真可恶，叫我无法工作。”这也是怠惰者常找的借口。

借口总是在人们的耳旁窃窃私语，告诉自己因为某原因而不能做某事，久而久之我们的潜意识会认为这是“理智的声音”。假如你也有这种习惯，那么请你做一个实验，每当你使用一个“理由”时，请用“借口”来替代它，也许你会发现自己再也无法心安理得了。

那些认为自己缺乏机会的人，往往是为自己的失败寻找借口。而成功者大都不善于也不需要编制任何借口，因为他们能为自己的行为和目标负责，也能享受自己努力的成果。

那些实现了自己的目标取得成功的人，并非有超凡的能力，而是有超凡的心态。他们能积极抓住机遇，创造机遇，而不是一遭遇困境就退避三舍，寻找借口。

习惯性的拖延者通常也是制造借口与托辞的专家。如果你存心拖延、逃避，你就能找出成千上万个理由来辩解为什么事情无法完成，而对为什么事情应该完成的理由却想得少之又少。事实上把事情“太困难、太无头绪、太花时间”等种种理由合理化，的确要比相信“只要我们努力、勤奋就能完成任何事”的念头容易得多。

一个人做事不可能一辈子一帆风顺，就算没有大失败，也会有小失误。而每个人面对失败的态度也都不一样，有些人不把失败当一回事，他们认为“胜败乃兵家之常事”；也有人拼命为自己的失败找借口，告诉自己，也告诉别人：我的失败是因为别人扯了后腿、家人不帮忙，或是身体不好、运气不佳等。总之，他们可以找出一大堆理由。

失败者完全可以从自身的角度去研究失败，如判断能力、执行能力、管理能力等，因为事情是失败者做的，决策是失败者制定的，失败当然也就是失败者造成的。因此，失败者大可不必去找很多借口。即使找到了借口，那也不能挽回失败者的失败。

其实，尽管有些失败是来自于客观因素，逃都逃不过，但还是不要找这种借口的好，因为找借口会成为一种习惯，让自己错过探讨真正原因的机会，这对日后的成功是毫无帮助的。

面对失败是件痛苦的事，因为就仿佛自己拿着刀割伤自己一样，但不这样做又能如何?人不是要追求成功吗?因此碰到失败，要找出原因来，就好比找出身上的病因一样，以便对症医治。

老是为失败找借口的人除了无助于自己的成长之外，也会造成别人对他能力的不信任，这一点也是必须加以注意的。

不要再为自己找借口了，既然行动是我们唯一有能力支配的东西，那我们就应该选定目标，大踏步走下去，直到获取成功。

马虎轻率误大事

生活中，很多人都有马虎轻率的小习惯，小毛病，他们的口头禅是“马马虎虎过得去就行了。”他们不知道马虎轻率是成功的致命杀手，它不但会妨碍你取得成功，甚至还会毁掉你已取得的成就。

一件小事，你要干漂亮了，它就能成就你的人生。然而，你要不把它当回事儿，它也能给你带来刻骨铭心的教训。

当巴西海顺远洋运输公司派出的救援船到达出事地点时，“环大西洋”号海轮消失了，21名船员不见了，海面上只有一个救生电台有节奏地发着求救的摩氏码。救援人员看着平静的大海发呆，谁也想不明白在这个海况极好的地方到底发生了什么，从而导致这条最先进的船沉没。这时有人发现电台下面绑着一个密封的瓶子，打开瓶子，里面有一张纸条，21种笔迹，上面这样写着：

一水理查德：3月21日，我在奥克兰港私自买了一个台灯，想给妻子写信时照明用。

二副瑟曼：我看见理查德拿着台灯回舱，说了句这个台灯底座轻，船晃时别让它倒下来，但没有干涉。

三副帕蒂：3月21日下午船离港，我发现救生筏施放器有问题，就将救生筏绑在架子上。

二水戴维斯：离港检查时，我发现水手区的闭门器损坏，用铁丝将门绑牢。

二管轮安特尔：我检查消防设施时，发现水手区的消防栓锈蚀，心想还有几天就到码头了，到时候再换。

船长麦凯姆：启航时，工作繁忙，我没有看甲板部和轮机部的安全检查报告。

机匠丹尼尔：3月21日下午理查德和苏勒的房间消防探头连续报警。我和瓦尔特进去后，未发现火苗，判定探头误报警，拆掉交给惠特曼，要求换新的。

机匠瓦尔特：我就是瓦尔特。

大管轮惠特曼：我说正忙着，等一会儿拿给你们。

服务生斯科尼：3月23日13点我到理查德房间找他，他不在，坐了一会儿，随手开了他的台灯。

大副克姆普：3月23日13点半，我带苏勒和罗伯特进行安全巡视，没有进理查德和苏勒的房间，说了句“你们的房间自己进去看看”。

一水苏勒：我笑了笑，没有进房间。

一水罗伯特：我也没有进房间，跟在苏勒后面。

机电长科恩：3月23日14点我发现跳闸了，因为这是以前也出现过的现象，没多想，就将闸合上，没有查明原因。

三管轮马辛：我感到空气不好，先打电话到厨房，证明没有问题后，又让机舱打开通风阀。

大厨史诺：我接马辛电话时，开玩笑说，我们在这里有什么问题?你还不来帮我们做饭?然后问乌苏拉：“我们这里都安全吧?”

二厨乌苏拉：我回答，我也感觉空气不好，但觉得我们这里很安全，就继续做饭。

机匠努波：我接到马辛电话后，打开通风阀。

管事戴思蒙：14时半，我召集所有不在岗位的人到厨房帮忙做饭，晚上会餐。

医生莫里斯：我没有巡诊。

电工荷尔因：晚上我值班时跑进了餐厅。

最后是船长麦凯姆写的话：19点半发现火灾时，理查德和苏勒房间已经烧穿，一切糟糕透了，我们没有办法控制火情，而且火越来越大，直到整条船上都是火。我们每个人都犯了一点错误，但酿成了船毁人亡的大错。

看完这张绝笔纸条，救援人员谁也没说话，海面上死一样的寂静，大家仿佛清晰地看到了整个事故的过程。

巴西海顺远洋运输公司的每个人都知道这个故事。此后的40年，这个公司再没有发生一起海难。

有些人在工作中经常犯马虎轻率的毛病，他们觉得任务完成得差不多，凑凑合合就行了，完全没有必要在一些细节上费工夫，磨时间。他们这种毛病一旦成为习惯，就开始不分轻重地轻视所有工作中的细节问题。有时候在一些细节问题上出了错，他们也会认为是小错误，小疏忽，根本无足轻重，不会对整个大局构成危害。你若是善意地批评他们或是规劝他们改正，他们甚至理直气壮地认为："大礼不辞小让，做大事不拘小节，我是要做一番大事业的人，在大刀阔斧地行事，哪能婆婆妈妈的，顾及那些细枝末节的问题呀!"这真是让人哭笑不得。当然，有雄心壮志，希望通过努力工作来创造一番事业是一件好事，但是那不能成为你马虎轻率、粗枝大叶的理由。世间最睿智的所罗门国王曾经说过："万事皆因小事而起，你轻视它，它一定会让你吃大亏的。"

有没有发现，越是专业的人越懂得关注细节。也正是那些细节，造成了最终结果的不同。在习惯了的工作中，能够发现值得关注和提升的小事，并能在它们变成大事之前予以解决，这就是学习力。

在日渐浮躁的商业社会，希望获得更好结果的人们，总是无休止地追逐下一个目标，至于过程中的"小"问题，似乎谁都懒得去理会，但他们恰恰忘记了这正是可以带来好结果的关键所在。难怪连曾任美国国务卿的鲍威尔也会把"注重细节"当做他的人生信条呢。

当然，许多小事也确实易于被人疏忽，这就需要我们平时的努力。只有当我们在意识中对它们有充分的警戒心，就能够注意并克服掉马虎粗心的恶习。时刻对马虎轻率保持高度的警惕心，并养成细心严谨的工作态度，时间长了就会形成细心严谨的工作作风进而形成你的良好习惯和优秀素质，而“习惯常常决定一个人的成败”。有的人可能会说：“我生性就是粗枝大叶，大大咧咧，马虎粗心是天性所至，我也不想这样，可是我很难做到细心谨慎，怎么办呀?”其实完全不必担心，世上没有十全十美的人，即使是那些功成名就的伟人，他们一开始也是有这样那样的缺陷的，有了缺陷不可怕，只要改掉就行，而且他们也都是这样做到的，最终成就了自己的一番事业。

所以有时候不要认为你自己不能改掉这种恶习，如果你总是这样想，它就成了你不去改这个恶习的借口。如果你不想也不去克服掉这个恶习，你就当然无法成功，因为马虎轻率是成功的致命杀手，它不但会让你不能继续获得未来的成功，甚至还能毁掉你已经取得的成就。这个过程，马虎轻率只要瞬间，而你以前的成就却是辛辛苦苦奋斗了多少年的结果!因为马虎粗心，你就不可能在工作中做到精益求精，尽善尽美。尽管从客观来说你工作确实很努力，很敬业，但是你的工作成果却总是不能让人满意，总是与目标之间有一点点差距，而这个差距只要你再付出一点点精力和努力就能达到，而你却没有做到。长此以往，你的上司就会对你失望，对你不信任不放心，甚至怀有戒备之心。你想想你在公司还有发展的前途吗?还有出头之日吗?严重的是，你能否保住这个工作都是一个未知数。因此不管粗心是天性所致也好，还是后天养成的恶习也罢，只要你是追求成功、拥有远大理想的人，只要你下定决心，相信自己，就一定能够克服这个坏毛病。

马虎轻率所带来的小错误、小疏忽的可怕之处在于它们不会停留在原地，而是接着带来毁灭性的危害，因此我们一定要培养自己一丝不苟的精神，即使一件小事也要认真仔细地对待。

眼高手低会离成功越来越远

年轻人常容易养成好高骛远的坏习惯。仅有远大理想，眼高手低，不能脚踏实地的人，他的理想也就无从实现。如果不及早纠正眼高手低的小毛病，那么你的梦想就会变为空想。

有些人总是有很高的梦想，他们不屑于眼前的这些小事。旁人在他们眼中，也大多是一群庸庸碌碌之辈，谈不上有什么共同语言。但在最初交往时，人们往往会被他们表面的雄心壮志所迷惑，老板也会认为他们是难得的栋梁之材。而事实上，他们眼高手低，大部分时间都沉浸在自己宏伟的梦想中，长此以往，他们不能也不会做出什么成就，曾经的雄心壮志难免会变成同事们茶余饭后的玩笑。除非他们幡然悔悟、奋起直追，否则，等待他们的往往是慢慢沉沦，或者跳到其他的公司去继续发牢骚，即使这样，同样的悲剧也难免再次上演。

郭英毕业于某大学外语系，她一心想进入大型的外资企业，最后却不得不到了一家成立不到半年的小公司“栖身”。心高气傲的郭英根本没把这家小公司放在眼里，她想利用试用期“骑驴找马”。

在郭英看来，这里的一切都不顺眼——不修边幅的老板，不完善的管理制度，土里土气的同事……自己梦想中的工作可完全不是这么回事啊！“怎么回事?”“什么破公司?”“整理文档?这样的小事怎么让我这个外语系的高材生做呢?”“这么简单的文件必须得我翻译吗?”“就一篇小报告而已，为什么自己不写要我帮忙呢?”“噢，我受不了了!”

就这样，郭英天天抱怨老板和同事，愁眉不展、牢骚不停，而实际的工作却常常是能拖则拖，能躲就躲，因为这些“芝麻绿豆的小事”根本就不在她的思考范围之内，她梦想中的工作应该是一言定千金的那种。唉，梦想为什么那么远呢?

试用期很快过去，老板认真地对她说：“我们认为，你确实是个人才，但你似乎并不喜欢在我们这种小公司里工作，因此，对手边的工作敷衍了事。既然如此，我们也没有理由挽留你。对不起，请另谋高就吧!”

被辞退的郭英这才清醒过来，当初自己应聘到这家公司也是费了不少力气的，而且，就眼前的就业形势，再找一份像这样的工作也很困难啊。初次工作就以“翻船”而告终，这让郭英万分失望与后悔，可一切都已晚矣!

在工作时，许多年轻人念念不忘高位、高薪，并且认为：英雄须有用武之地。然而当他们负责具体工作时，又会从心底里说：“如此枯燥、单调的工作，如此毫无前途的职业，根本不值得自己付出全部心血!”当他们面对细微工作时，通常会说：“这种平庸的工作，做得再好又有什么意义呢?”渐渐地，他们开始轻视自己的工作，开始厌倦生活。

年轻人普遍存在的一个问题就是好高骛远。实际生活中，却需要我们脚踏实地，时时衡量自己的实力，不断调整自己的方向，一步一步达到自己的目标。

但凡在事业上取得一定成就的人，大都是在简单的工作和低微的职位上一步一步走过来的。他们总能在一些细小的事情中找到个人成长的支点，不断调整自己的心态，用恒久的努力打破困境，走向卓越与伟大。

年轻人应该像哥伦布那样，努力去发现自己的新大陆。沉湎于过去或者深陷于对未来的空想是没有前途的。你正在从事的职业和手边正在进行的工作，是你成功之花的土壤，只有将这些工作做得比别人更完美，才有可能将寻常变成非凡。

维斯卡亚公司是上世纪80年代美国最为著名的机械制造公司，其产品销往全世界，并代表着当时重型机械制造业的最高水平。许多人毕业后到该公司求职遭到拒绝，因为该公司的高级技术人员爆满，不再需要各种高技术人才。但是优厚的待遇和足以自豪、炫耀的职位，仍然向那些有志的求职者闪烁着诱人的光环。

科曼是哈佛大学机械制造专业的高材生，和许多人的命运一样，他在该公司每年一次的用人测试会上被拒绝了。科曼并没有死心，他发誓一定要进入维斯卡亚重型机械制造公司，于是，他采取了一个特殊的策略——假装自己一无所长。他先找到公司人事部，提出为该公司无偿提供劳动力，请求公司分派给他任何工作。公司起初觉得这简直是不可思议，但考虑到不用任何花费，简直是天上掉馅饼，于是便分派他去打扫车间里的废铁屑。一年中，科曼勤勤恳恳地重复着这种简单而劳累的工作。为了糊口，下班后他还要去酒吧打工。这样，虽然得到老板及工人们的好感，但是仍然没有一个人提到录用他的问题。

不久后，公司遇到了一场危机，许多订单纷纷被退回，理由均是产品质量问题，为此公司将蒙受巨大的损失。公司董事会为了挽救颓势，紧急召开会议商议对策，当会议进行一大半却毫无进展时，科曼闯入会议室。在会上，科曼对这一问题出现的原因做了令人信服的解释，并且就工程技术上的问题提出了自己的看法，随后拿出了自己对产品的改造设计图。他的这个设计非常先进，恰到好处地保留了原来机械的优点，又克服了已出现的弊病。

总经理及董事会的董事见到这个编外清洁工如此精明在行，便询问他的背景以及现状，科曼当即被聘为公司负责生产技术的副总经理。原来，科曼在做清扫工时，细心察看了整个公司各部门的生产情况，一一做了详细记录，发现了所存在的技术性问题并想出了解决的办法。为此，他花了近一年的时间搞设计，获得了大量的统计数据，为最后一鸣惊人奠定了基础。

年轻人当有远大志向，才可能成为杰出的人物。但要成为杰出人物，

光是心高气盛还远远不够，还必须从最不起眼的事情做起。

饭是要一口一口吃的，活是要一步一步干的，无数的小事将铸成大事，一天一天的成就将会砌成你梦想的大厦。

在我们的生活中，几乎每个人都有自己的梦想。有梦想并不是坏事，关键是要找对方法，并努力去实现它。如果我们想在公司里出人头地，就应该将自己的梦想与公司的发展结合在一起。我们要从现在的任务做起，一步步认真而又执著地做下去；我们要认真地去拜访客户、调查市场，而且，无论做什么，都要由始至终在脑海中保持着梦想的远景。只有这样，我们才能把注意力集中在现在需要做的事情上，同时也与我们的梦想保持密切联系，使我们的每一次行动都在向心中的目标前进。当我们集中精力处理当前事务的时候，我们就已经开始成长。实现未来梦想的第一步，就是把当前的工作尽力做好，然后再满怀信心地去做下一个。

这样一来，不但你的心中会时时充满对工作的热爱，你也一定能在工作中体会到无穷的乐趣，逐渐取得越来越大的成就。当你的能力逐渐超过现在职位需要的时候，你就可以充满自信地向更高的职位前进了。一个成功的人无论对于工作还是生活都是心存感激的，而且内心永远会保持自己的理想。与其天天做白日梦或者失意地愤而退出，不如集中精力并且扎扎实实地努力工作，只有这样，才能更快更好地让你的梦想变成现实。到那时，周围的人一定会对你刮目相看，你将会充分实现自己的梦想和价值。

每个人都应该有理想，但理想一定要切合实际。更重要的是，你要脚踏实地，在一件件最不起眼的小事里慢慢积累成功的资本。千里之行始于足下，如果你正怀抱着宏伟的梦想，那么就从眼前的小事做起吧！

第三章
欲望简单：需求越少烦恼越少

如果一个人总是在欲望的世界里徜徉徘徊，那么失败也就只有一步之遥了。他绝不是自己的主人，而是时时处于沦为别人的奴隶的危险之中。而且接受别人为他开具的各种条件，他免不了多少会有些奴颜婢膝，因为他不敢勇敢地面对现实。

欲望越小，人生就越幸福

知足者常乐，放弃也是一种幸福。

有位哲人曾说：“人之所以痛苦，不是因为拥有的太少，而是想要的太多。”正是因为欲望太多，从而造成心理贫穷。

其实我们每个人拥有的财物，无论是房子、车子或者是其他的任何物品，无论是有形的还是无形的，没有一样是你的，那些东西都是暂时寄放在你这里。有的让你暂时使用，有的让你暂时保管而已，到最后，物归何主都不得而知。所以智者把这些财富都视为身外之物。而贪婪者把它们视为珍宝，到最后却往往是一无所获。这里讲一个两个贪婪者的故事。

以前，有两位很虔诚、很要好的教徒，决定一起去朝圣。两人背上行囊、风尘仆仆地上路，誓言不达圣山，绝不回家。两位教徒走啊走，走了两个多星期之后，遇见一位白发年长的圣者。这圣者看到这两位如此虔诚的教徒千里迢迢要前往圣山朝圣，就十分感动地告诉他们：“从这里距离圣山还有十天的脚程，但是很遗憾，我在这十字路口就要和你们分手了。而在分手前，我要送给你们一个礼物，什么礼物呢？就是你们当中一个人先许愿，他的愿望一定会马上实现；而第二个人，就可以得到那愿望的两倍！”

此时，其中一个教徒心里想：“这太棒了，我已经知道我想要许什么愿，但我不要先讲，因为如果我先许愿，我就吃亏了，他就可以有双倍的礼物！不行！”而另外一个教徒也想：“我怎么可以先讲，而让他获得加倍的礼物呢？”于是，两位教徒就开始客气起来，彼此推来推去。“客套地”推辞一番后，俩人就开始不耐烦起来，气氛也变了：“你干吗？你先讲！”“为什么我先讲？我才不要呢！”

俩人推到最后，其中一人生气了，大声说道：“喂，你真是个不识相、不知好歹的人，你再不许愿的话，我就把你的狗腿打断、把你掐死！”

另外一人一听，没有想到他的朋友居然变脸，竟然来恐吓自己！于是想，你这么无情无意，我也不必对你太有情有义！我没办法得到的东西，你也休想得到！于是，这个教徒干脆把心一横，狠心地说道：“好，我先许愿！我希望——我的一只眼睛瞎掉！”

很快地，这位教徒的一个眼睛马上瞎掉，而与他同行的好朋友，也立刻两个眼睛都瞎掉了！

原本这件礼物非常美好，可以使两位好朋友互相共享，但是人的“贪念”与“嫉妒”，左右了他们心中的情绪，所以使得“祝福”变成“诅咒”、使“好友”变成“仇敌”，更是让原来可以“双赢”的事，变成俩人瞎眼的“双输”！

如果他们每个人都有知足者常乐的心态，抱着有礼物总比没有好的态度，不在乎多少，我想他们最终也不会有这样悲惨的结局。知足并不表示不进取，物质上要知足常乐，但追求上要不断向前。物质上永不知足是一种病态，其病因多是权力、地位、金钱之类引发的。这种病态如果发展下去，就是贪得无厌，其结局是自我爆炸，自我毁灭。

然而，在现实生活中我们所拥有的，并不是太少，而是欲望太多；欲望太多的结果，就使自己不满足、不知足，甚至憎恨别人所拥有的，或嫉妒别人比我们更多，以致心里产生忧愁、愤怒和不平衡。有的时候，放弃也是一种幸福。因而要减轻欲望，获得幸福，就要懂得舍弃。而外在的放弃让你接受教训，心里的放弃让你得到解脱，从而心境变得安宁。

有的时候在利益面前，不要总想着拥有，人生也需要放弃。放弃是一门艺术。在物欲横流的今天，既需要你做出选择努力拥有，但更多的时候

则是学会放弃。与其说是抉择得当，不如说是放弃更好。人生苦短，要想获得越多，就得放弃越多。要懂得鱼和熊掌不可兼得的道理。那些什么都不放弃的人，是不可能有多少获得的。其结果必然是对自身生命的最大的放弃，让自己的一生永远处在碌碌无为之中。

放弃是一种让步，但让步不是退步。放弃是量力而行，明知得不到的东西，何必苦苦相求，明知做不到的事，何必硬撑着去做呢？放弃更需要明智，该得时你便得之，该失时你要大胆地让它失去。有时你以为得到了但可能失去的更多；有时你以为失去了不少，却有可能获得许多。不以得喜，不以失悲。尽自己最大的努力做去，该放则放。

托尔斯泰说：“欲望越小，人生就越幸福。”这句话，蕴含着深邃的人生哲理。卡耐基也曾说：“要是我们得不到我们希望的东西，最好不要让忧虑和悔恨来苦恼我们的生活。且让我们原谅自己，学得豁达一点。”罗马政治学家及哲学家塞尼加也说：“如果你一直觉得不满，那么即使你拥有了整个世界，也会觉得伤心。”且让我们记住，即使我们拥有整个世界，我们一天也只能吃三餐，一次也只能睡一张床。

“身外物，不奢恋。”这是知足常乐者的智慧；放弃也是一种幸福，这是智者的思想。这些不但是超越世俗的大智大勇，也是放眼未来的豁达襟怀。谁如果能做到这一点，谁就会活得轻松，过得自在，真正地摆脱心理的贫穷。

上帝的金币是用来看的

“人心不足蛇吞象”，这是广为流传的一句俗语。当一个人的欲望膨胀，贪婪的本性就会暴露无疑。不仅自己想要的东西得不到，即使到手的东西也会得而复失。

有一天，上帝经过一座城市时，对三个乞丐动了恻隐之心，便对他们说：“我是上帝，我可以给你们每人一袋金币。不过，有个条件，你们只能用身上装乞讨物的布袋来装，但一旦掉到地上，金币就成了石头。”于是，乞丐们纷纷解下身上的布袋，准备装上帝给的金币。

第一个人敞开布袋，只见金币像雨点一样落了进去。当金币落满半布袋时，上帝提醒“差不多了”。而这个人却连声道：“再来点，再来点。”结果，话音未落，布袋承受不了金币的重量，袋底破了，所有的金币掉落在地上，化为石头。第一个人沮丧之极，忿然离去。

当轮到第二个人的时候，不断地提醒道：“够你一辈子花了，够你两辈子花了，够你三辈子花了……”这个人连忙说停，金币已装满大半袋。

接着是第三个人，上帝刚落下去一枚金币，他就叫停。上帝觉得非常可惜。

有一天，上帝突然想到这三个乞丐，就叫天使去查一下他们的下落。原来，这三个人都已进了天堂。上帝就问他们是怎么到这里来的。

第一个人说：“我悔恨成疾，不到一年便抑郁而死。”

第二个人说："我回老家买了座城堡，娶了三房太太，正准备购置大笔房产时，结果因露富而遭人暗算，丢了性命。"

轮到第三个人时，他将手中紧握的那枚金币还给上帝。他说，他一直将上帝的金币带在身边，自始至终都感到上帝与己同在。因为在芸芸众生之中，唯有两个人得到上帝的金币，而他是其中的一个。他创立了一番事业，并功成名就，儿孙满堂，活到99岁才无疾而终。

上帝接过金币，微微一笑，然后把那枚金币递给第一个人和第二个人看，说："你们好好看看，这才是我的金币。"

三个乞丐虽然同时得到上帝的恩惠，可是每个人的命运结局却完全不同。其原因就在于上帝的金币不是用来花的，而是用来看的，并且需要用心地去看，才能摸出门道。正像美国著名节目主持人莎莉·拉斐尔在总结自己的成功经验时说的那样："上帝只掌握了我的一半，我越继续努力，手中掌握的另一半就越大，靠着自身的努力，我终于赢得了上帝！"

命运的一半掌握在上帝手里，另一半掌握在自己手里，你就是你自己的救世主。只有不断克制自己的欲望，做自己的主人，才能用自己手里的一半去赢得上帝手里的另一半。

人之所以痛苦，在于追求错误的东西

道德修养高尚的人能达到忘我的境界，精神世界完全超脱物外的人心目中没有功名和事业，思想修养臻于完美的人从不去追求名誉和地位。

正如庄子所说，人的境界决定了人的眼界和格局。当大鹏飞往南方时，震荡起来的水花达3000里，翼拍旋风而直冲到9万里高空，当它俯视大地的时候，看到的自然和小小的斑鸠所看到的截然不同。那么，当我们的境界只是一个汲汲于名利的庸人时，自然也就不可能体会到那些淡泊名利的人的感受。庄子的《逍遥游》同儒学的积极经世、佛学的无欲止观一样，都是人安身立命的精神追求，是生命寄托的一种途径，它所标举的精神解放，给予了在沉重压力下生存的人们一种自由的希望。

有一个小故事：

有一天，已经身为某市领导的老赵坐车去赴宴，经过市场时，车子抛锚。等待司机修理车子的时候，他无意中向车窗外看去。在一个卖羊肉串的摊位前，他看到一个熟悉的身影，他那昔日的同窗老张。老张正一手扶着自行车，一手拿着羊肉串吃得津津有味。他心中不无怜悯地想："哎呀，老同学啊，都四十好几的人了，还没混上在高级宴会里的一席之位，多么可怜啊！"

而老张这时也看到了在车中正襟危坐的老赵，他心中也十分同情地

想："你现在有车有房，可是恐怕再也寻不回在街边吃小吃的逍遥自在了。你的生活完全被各种各样的名利给缠裹住了，哪能像我这样自由呢？唉，老同学啊，你的生活实在太无趣了。"

老赵和老张代表的便是两种人生价值观，一种追求名誉、地位、财富，以世俗的价值观衡量自己人生的价值；而另一种则是淡泊名利，注意精神和自由，洒脱无为。可是，前者看不到后者的逍遥，后者体会不到前者的意气风发。这便是因为价值观不同造成的境界差异。

庄子在他的作品中常用寓言故事来表达自己的见解。在《逍遥游》中，他写道：尧打算把天下让给许由，说："日月出来了，而小小的炬火还不熄灭，它和日月比起光亮来，不是太没意思了吗？好雨普降了，还要提水灌溉，这对于润泽禾苗岂不是徒劳吗？先生如果在位，一定能把天下治理得很好，可是我还占着这个位子，自己都觉得很不满意，请允许我把天下奉交给先生执掌吧。"

许由说："您治理天下，已经治理得很好了，我若再来代替您，难道是为着虚名吗？名是实的影子，我要做影子吗？鹪鹩在森林里筑巢，不过占一根树枝；鼹鼠喝大河里的水，不过喝满一肚皮。你回去吧，先生，天下对我是没有什么用的。厨师就是不做祭祀用的饭菜，掌祭奠的人也绝不会越俎代庖的。"

许由拒绝了尧的禅让，这在今人看来多少有些不可思议，那可不是一点钱一点地位，那是掌管天下的荣誉和责任啊！可是，在许由看来，自己不求名利，没有理由要接替尧的工作，因为尧已经做得很好了。那么他要什么呢？他要的是安守本分。

安守本分，用俗话来讲，也就是"有多大的肚皮吃多少饭"，吃多了会撑着的。饭吃八分饱，做人也要留有余地。犯不着为自己不需要的东西搭上一辈子，因为他要的不过是一张床、一餐饭而已，哪里需要天下那么大呢？

肩吾对连叔说："我听了接舆的一番言论，大而无当，不着边际。我很惊讶于他的话，那就像天上的银河一样看不到首尾。真是怪诞背谬，不近情理啊！”

连叔说：“他说了些什么呢？”

肩吾说：“他说：‘遥远的姑射山中，有一神人居住在里边。那神人皮肤洁白，如同冰雪般晶莹；姿态柔婉，如同室女般柔弱；不吃五谷杂粮，只是吸清风喝露水；他乘着云气，驾着飞龙，在四海之外遨游。他使万物不受灾害，年年五谷丰收。’我认为这些话是狂妄而不可信的。”

连叔说：“是呀！我们无法让瞎子领会文采的华丽；无法让聋子知晓钟鼓的乐声。岂止是在形体上有聋有瞎，在智慧上也有啊！听你刚才说的话，你还是和往日一样啊！那个神人，他的德行，与万物合为一体。世人期望他来治理天下，他哪里肯辛辛苦苦地管这种微不足道的事呢？这样的人，没有什么东西可以伤害他，洪水滔天也淹不着他；大旱时把金石都熔化了，把土山都烧焦了，他也不觉得热。他的‘尘垢秕糠’也可以制造出像尧、舜那样的圣贤君主来。他哪里肯把治理天下当作自己的事业呢？

“宋国有人把帽子贩卖到越国去，可是越国气候炎热，人们习惯于把头发剃光，身上纹着图案，他们要帽子有什么用呢？

“尧治理天下的人民，使海内政治清平；他到遥远的姑射山中，汾水的南边，拜见了四位得道的真人，他不禁恍然大悟，把天下都忘掉了。”

忘掉天下，这不是自私到只知小我不知大我，而是真正的旷达境界。

芸芸众生把名利当作必需品，以为只有获得了名利生活才能更自由更幸福，然而看世间有多少因名利而引来灾祸的人呢？对于那些臻于无己境界的人们来说，虽然无心立功建业，却能名盖天下；虽然有着名满天下的辉煌，却能韬光晦迹，不在意世俗的名利而逍遥自得，恬淡无怀，无往而不逍遥，无适而不自得。

可见，当人外无所求、内无所羡之时，自然而然就会到达“至足”的境界。庄子之《逍遥游》，即为一“乐”字，而此中之乐绝非得所欲求之乐，而是不羡求功名利禄，不挂怀死生祸福、利害得失之精神至足之乐。这种快乐，对于满脑子只有名利二字的人来说，是无法企及、也无法想像的。这种快乐，不是纵情任性的，而是要在心灵和精神上不断地修养才能达到的。

人们往往会沉迷于学习大鹏那样一飞冲天，遨游四海，以为这样就可以逍遥快乐，然而却忘记了立足实际，安分守己。一个人若失去了平常心，那么快乐也就离之而远去了。

满足是最真实的财富

在我们了解什么是生命之前，我们已将它消磨了一半。幸福的最大障碍就是期待过多的幸福。

品行的修养是一生一世的事，艰苦而又有些残酷，尤其古人对品行有污染者很不愿意原谅。为人绝对不可动贪心，贪心一动良知就自然泯灭，良知泯灭就丧失了正邪观念，正气一失，其他就随意而变了。俗话说，吃人家的嘴软，拿人家的手短。生活中一些人抵不住“贪”字，灵智为之蒙蔽，刚正之气由此消除。在商品社会，许多人经不住贪私之诱，以身试法。“不贪”真应如利剑高悬才对，警世而又可以救人。

托尔斯泰说：“欲望越小，人生就越幸福。”一个人如果欲望太多，他就会变得越贪婪，一个永不知足的人是无法感受到幸福的。

人，饥而欲食，渴而欲饮，寒而欲衣，劳而欲息。幸福与人的基本生存需要是不可分离的。人们在现实中感受或意识到的幸福，通常表现为自身需要的满足状态。人的生存和发展的需要得到了满足，便会产生内在的幸福感。幸福感是一种心满意足的状态，植根于人的需求对象的土壤里。

然而，很多人都是希望自己拥有的再多一些，从来没有满足的时候。民间流传着一首《十不足诗》：

终日奔忙为了饥，

才得饱食又思衣，
冬穿绫罗夏穿纱，
堂前缺少美貌妻，
娶下三妻并四妾，
又怕无官受人欺，
四品三品嫌官小，
又想面南做皇帝，
一朝登了金銮殿，
却慕神仙下象棋，
洞宾与他把棋下，
又问哪有上天梯，
若非此人大限到，
上到九天还嫌低。

这首诗对那些贪心不足者的恶性发展写得淋漓尽致。物欲太盛造成的灵魂变态就是永不知足，没有家产想家产，有了家产想当官，当了小官想大官，当了大官想成仙……精神上永无宁静，永无快乐。

有一位农民，他常年住的是漆黑的窑洞，顿顿吃的是玉米、土豆，家里最值钱的东西就是一个盛面的柜子。可他整天无忧无虑，早上唱着山歌去干活，太阳落山又唱着山歌走回家。别人都不明白，他整天乐什么呢？

他说："我渴了有水喝，饿了有饭吃，夏天住在窑洞里不用电扇，冬天热乎乎的炕头胜过暖气，日子过得美极了！"

这位农民物质上并不富裕，但他却由衷地感到幸福。这是因为他没有太多的欲望，从不为自己欠缺的东西而苦恼的缘故。

与这个农民相反的是一个卖服装的商人。这个商人有很多钱，但他却终日愁眉不展，睡不好觉。细心的妻子对丈夫的郁闷看在眼里，急在心上，她不忍丈夫这样被烦恼折磨，就建议他去找心理医生看看，于是他前往医院去看心理医生。

医生见他双眼布满血丝，便问他：“怎么了，是不是受失眠所累？”服装商人说：“是呀，真叫人痛苦不堪！”心理医生开导他说：“别急，这不是什么大毛病。你回去后如果睡不着就数数绵羊吧。”服装商人道谢后离去了。

一个星期之后，他又出现在心理医生的诊室里。他双眼又红又肿，精神更加颓丧了，心理医生复诊时非常吃惊地说：“你是照我的话去做的吗？”服装商人委屈地回答说：“当然是啊！还数到三万多头呢！”心理医生又问：“数了这么多，难道还没有一点睡意？”服装商人答：“本来是困极了，但一想到三万多头绵羊有多少毛呀，不剪岂不可惜？”心理医生于是说：“那剪完不就可以睡了？”服装商人叹了口气说：“但头疼的问题又来了，这三万头羊的羊毛所制成的毛衣，现在要去哪儿找买主呀？一想到这，我就睡不着了。”

这个服装商人就是生活中高压人群的真实写照，他们被种种欲望驱赶着跑来跑去，疲乏至极，每天睁开眼睛想到的是金钱，闭上眼睛又谋划着权力，日复一日，年复一年。这样的人怎么会享受到幸福呢？

有些欲望是自然而必要的，有些欲望是非自然而不必要的，前者包括面包和水，后者就是指权势欲和金钱欲等等，人不可能抛弃名利，完全满足于清淡生活，但对那些不必要的欲望，至少应当有所节制。

一个人的欲望越多，他所受到的限制就越大，一个人的欲望越少，他就会越自由、越幸福。很多人总是把得失看得太重，把名利看得太重，期望自己位高权重，期望能拥有万贯家财，这样通常会备受名利折磨，轻者身心劳累，重者害人害己。

生活中，很多人拥有金钱，但却没有快乐。整日挖空心思、千方百计想要得到金钱的人，恐怕永远也不会快乐而且身心劳累。

拥有世界又如何

对周围的环境、人事，假如你有看不惯的地方，不必棱角太露，过于显示自己的与众不同。喜怒不形于色，是保护自己的一种方式。有首歌的歌词说："如果失去了你，赢了世界又如何？"同样，有时你争赢了你所谓的道，却可能失去更重要的，事总有轻重缓急之分，顶牛抬杠不养家，不要为了争一口气，而后悔莫及！

如果你的一生没有几件开心的事情，你的一天没有几声爽朗的笑声，那只证明你不会活。

人活一辈子，需要的东西还真多。只有婴儿和老人活得最本真。婴儿刚生下来，还不会争、不会论、不会抢、不会夺，而老人已经和别人争过、论过、抢过和夺过了，现在他不得不躺在病榻上，身体破败得像一床旧棉絮，掐着手指数日子，生命进入了倒计时："要什么荣华富贵，要什么功名利禄呢？只要让我活着，就好。"是啊，临去之人，其言也善。

可是，为什么年轻时我们不会明白、不会生活、不会将最宝贝的光阴用在最有意义的事情上，而只会较劲，杯弓蛇影，无限矫情？

有这样一则故事：古时一位老妇，常为一些鸡毛蒜皮的小事生气。有一天她去找高僧谈禅论道，高僧听了她的讲述，把她领到一间禅房里，落锁而去。妇人气得破口大骂，骂了许久，高僧也不理会。妇人又开始哀求，高僧还是置若罔闻。妇人终于沉默了，高僧来到门外，问她："你还生气吗？"

妇人说："我只为我自己生气，我怎么会来到这个鬼地方受这份罪？"

"连自己都不肯原谅的人，怎么能心如止水？"高僧拂袖而去。

过了一会儿，高僧又问："还生气吗？"

妇人说："不生气了。"

"为什么？"

"气也没办法啊！"

高僧又离开了。

当高僧第二次来到门前时，妇人告诉他："我不生气了，因为不值得气。"

高僧笑道："你还知道值不值得，看来心中还有气根。"

当高僧的身影迎着夕阳立在门外时，妇人问道："大师，什么是气？"高僧将手中的茶水倾洒于地，妇人视之良久，顿悟，叩谢而去。

我们的生命就像高僧手中的那杯茶水一样，转瞬间就和泥土化为一体。光阴如此短暂，生活中一些无聊小事，又哪里值得我们花费时间去生气呢？相信我们在生活中都有过为琐事生气的经历，无非是为了争高低、论强弱，可争来争去，谁也不是最终的赢家。你在这件事上赢了某个人，保不齐会在另一件事上输给他，输输赢赢，赢赢输输。当你闭上眼睛和这个世界告别的时候，你和普天下所有的人是一样的：一无所有，两手空空。

人生在世，最重要的是做一些有意义的事，才无愧于自己美好的生命。不要把时间耗在争名夺利上，不要总把"就争这口气"挂在嘴边。真正有水平的人会把这口气咽下去，因为气都是争来的，你不争就没气，只有没气你才会做好事情，也只有没气你才会健康地活着，好生气的人很难不生病。

开心是一种生命的状态，是一种宁静的心情，是自己想开了的硕果，别人想争也是徒劳。开心让你忘记和别人争名利、论是非；和别人斗心眼儿、生真气；和别人抢位子、夺情感……开心给你一颗坦然的心，给你一个宽阔的视野，给你一个清醒的头脑，让你从忙着斗天、斗地、斗人，精心计算，日夜辗转中摆脱出来，让你明白自己的生活状态，让你明白自己一生到底需要什么，让你明白真正的幸福是什么，在何处，如何拥抱。

人活一辈子，不要给自己平添不必要的烦恼，假如不能快快乐乐地过一生，就算你拥有了世界又能怎样？

幸福只能存在于得到满足的时候

这个世界多姿多彩，每个人都有属于自己的位置，有自己的生活方式，有自己的幸福，何必去羡慕别人？安心享受自己的生活，享受自己的幸福，才是快乐之道。

人生是否快乐，关键看你是否知足。知足常乐，那些总认为别人的东西都是好的的人，是永远没有快乐的。一个人在生活中能不过分注意缺憾，知道世上没有十全十美的东西，就会快乐无比。否则，总以抱怨之心，何处不是阴云淫雨，烦恼不尽。

一位很有名气的心理学教师，一天给学生上课时拿出一只十分精美的咖啡杯，当学生们正在赞美这只杯子的独特造型时，教师故意装出失手的样子，咖啡杯掉在水泥地上摔成了碎片，这时学生中不断发出了惋惜声。

教师指着咖啡杯的碎片说：“你们一定对这只杯子感到惋惜，可是这种惋惜也无法使咖啡杯再恢复原形。今后在你们生活中发生了无可挽回的事时，请记住这破碎的咖啡杯。”

这是一堂很成功的素质教育课，学生们通过摔碎的咖啡杯懂得了，人在无法改变失败和不幸的厄运时，要学会接受它，适应它。如果我们不接受命运的安排，也不能改变事实分毫，我们唯一能改变的，只有自己。

生活中，由于我们总是试图抓住一些我们无法挽回的不幸的事情，这些东西对我们来讲都是包袱，它们对我们是非常不利的，我们应该甩掉它们，应该把它们打入历史的坟墓。你对生活的感觉主要取决于你的选择与追求。对于生活，我们要学会发现和欣赏；对于包袱，我们要善于抛弃。

所以，获取快乐不难。生活本身就是在许多的辛苦和烦恼中存续的，放下包袱，超越自我，欢乐就会常有。一个人在任何情况下都可以选择快乐。既然如此，我们为什么不对自己微笑呢？丢掉人生旅途上不必要携带的行李，轻松一些，对自己微笑，也对别人微笑，不管有没有理由，只要发自内心，经常试一试，你会慢慢地高兴起来。

有人一心想当官，以为当官的人最快乐，做官的人生才是最潇洒的人生；有的人一心想发财，以为有钱的人最快乐，富贵的人生才是最令人羡慕的人生。其实，一般人都只知道有名有权很好，却不知无名无权更逍遥；一般人都只知道饥寒交迫令人痛苦，却不知无饥寒之忧却令人精神最痛苦。

所以，别人可以做得很成功、很风光的事情，未必适合你去做，别人看起来美好的事物，对于你未必是好事。

每个人都希望有选择，而且希望做出正确的选择——即使不是最好的，至少也是比较好的。选择好的，是人之常情，但稍微有点生活常识的人都知道，买房并不一定最大最豪华的就是最好的，关键在于给自己准确定位，要以经济基础和个人喜好为依据，不能眼高手低，要做到心中有谱。

其实人生的选择和买房是一个道理，没有最好的，只有最合适的，最合适的，才是最好的。

许多时候，人们往往对自己的幸福熟视无睹，而觉得别人的幸福却很耀眼。想不到，别人的幸福也许对自己不适合；更想不到，别人的幸福也许正是自己的坟墓。

你不可能什么都得到，你也不可能什么都适合去做，所以，你还要学会放弃，放弃不切实际的想法，放弃愚蠢的行动。只有学会放弃，学会知足，才能更好地把握快乐、享受幸福。

不要因为担忧过去而错过了未来更好的机会。为什么让那些过失、羞耻和错误继续缠绕着你呢？难道它不是已经很大程度上加深了你的皱纹，压歪了你的肩膀吗？难道它不是已经带走了你的欢笑，带走了你生活中的乐趣吗？因此，我们要把它从你的生活中赶走，把它从你记忆的石板上抹去，并且彻底忘记。只有这样，我们才能甩掉包袱，选择快乐。

如果感觉到自己在生活中有了一个位置，满足的问题就解决了一半

人最大的财富，是在于无欲。无论是穷是富、是顺是逆，都应该保持一种乐观的生活态度。特别是贫穷时能知足常乐，安贫乐道，不羡慕那些富豪荣华，不抱怨自己命运不济。

“绝圣弃智，民利百倍；绝仁弃义，民复孝慈；绝巧弃利，盗贼无有。此三者以为文，不足。故令有所属：见素抱朴，少思寡欲，绝学无忧。”这句话是说：抛弃贤圣权威的成见，人民可以得到更大的好处；抛弃仁义等道德律则，人民将恢复他们的孝慈本性；抛弃技巧与厚利的助纣与诱引，盗贼将自动消失。不过，这三项措施作为治标之举，还不足以治本，所以，应把它们作为从属的措施并继之以更为基本的总体原则：表现纯真，持守混沌，减少私心杂欲。

在物欲横流的时代，相当一些人往往在以功利的、消费的观点去看待社会，重物质利益，重物质消费的观念占据了人们的主导思想。这是十分危险的。反映在社会上，一些人铺张浪费，讲排场，大行其道。反映在文化艺术领域中，有些人不顾文化、艺术的品位，甚至不顾艺术家的人格而去粗制滥造，追逐名利。反映在学校中，学生看重名牌和高档物品，而人文文化的修养则很差。凡此都在竭力说明“见素抱朴，少思寡欲”的朴

素思想已经被排挤了；也都在警示我们：亟待加强人文建设和人文素质教育。

现在，很少有人再谈“见素抱朴，少思寡欲”了。似乎到了这个物质享受发达的时代，都以为只需要消费，“朴素和寡欲”的思想已经没有什么实际意义了。这显然是一种人生的失误。持这种人生观的人表面上很充实，整天忙乱不堪，似乎是对发展经济、建设社会的积极响应。其实，他们恰恰不明白，消费其实是一种最消极的因素，代表着精神上的空虚。物质享受本身无论有多么丰富也不能导致精神上的充实，只能给人增添更多的物欲。

有人说这是一个没有信仰的时代，所以也是一个堕落和可悲的时代。也许现代人不知道信仰的重要，或者单纯地把信仰理解为一种迷信。这都是错误的。宗教固然是一种信仰，那些对于生活理念的正确把握其实也同样是一种信仰。有了正当的信仰，就像是有了种子，能生根，能发芽，能抽枝，能于时间和空间的变幻中生长出信条来。有了信条，人就会有所为有所不为，就能够体会到“道”的运行。

没有信仰，固然不影响我们吃饭、睡觉和工作，好像是行得通的。但是我们难免会感到空虚和烦恼，觉得生活没有意义，觉得所作所为没有价值。所以有的人就会因此而寻找刺激，甚至为了一己私欲不惜伤天害理。这对社会来说是种危害，对个人来说也是自寻灭亡的不归路。也许是因为现代人太聪明了，因为有巧智，所以远离了原本的清净混沌，越来越不知足，于是也就偏离了“道”的自然而然。在杭州西子湖畔虎跑寺内的一个不很起眼的地方，有一副对联：“事能知足心常惬，人到无求品自高。”这是已故弘一法师的遗墨。凡是了解弘一法师的人都知道，无论从家境、才学、阅历上来看，还是用爱国之情、志向之取、进取之心来比，弘一法师都不会亚于当时或现代的大多数人，甚至远比大多数人都更符合精英分子的含义。然而恰恰是这位自豪“魂魄化成精卫鸟，血花溅作红心草”的热血男儿，认认真真地写下了这样一副对联留诸后世，这便使人不得不冷静下来，认真想一想这副对联的深刻内涵。

孔子有一天感叹，他说我始终没有看见过一个够得上刚强的人。要注意这个“刚”字，脾气大不算刚；刚的人是方正，并不一定脾气大；高帽子戴不上，骂他也不改变，这差不多有点像刚，但还要看他的品德、智慧、修养。上等人有本领没脾气，中等人有本领有脾气，下等人没本领脾气大。孔子这里的刚是指有本领没脾气的上等人而言。

孔子讲了这句话，有一个人说，有啊，申枨不是很刚吗？子曰：“枨也欲。焉得刚？”孔子说申枨这个人有欲望，怎么说是刚呢！一个人有欲望是刚强不起来的，碰到你爱好的，就非投降不可。人要到无欲才能刚，譬如说，这个人真好！真了不起！就是有一点毛病，爱钱。既然他爱钱，你拿钱给他，他的了不起就变成起不了。你说这个人品德样样都好，就是有一个毛病爱读书，遇到懂得手段的人就利用他了，什么都不和他谈，专谈书，他就中计了。历史上有些人，“天子不能臣，诸侯不能友”。请他出来做官，他不干；任何权势拉拢他，理都不理。但是中国政治上有一个传统的手法，只要在人上者，肯“礼贤下士”，只要以礼下人，任何英雄都不免来入彀中。不过要有道德作背景，如果没有道德的基础，仅是这样乱用，礼也是一把刀，所以真正刚强的人是没有欲望的——即所谓“无欲则刚”。

这个无欲，换种角度来说就是知足。一个人能知足，自然也就不会对外物生出多余的欲望来了。

这世上不知足的人多，贫者有贫者的不知足，富者有富者的不知足。总之，欲望是无止境的。看来只有按照老子所说，让自己能够“见素抱朴，少思寡欲，绝学无忧”，方可以知足而常乐啊！

适合自己的才是最好的

俗话说："穿衣吃饭看家当。"一个家庭长治久安的先决条件是量入为出。人的欲望是无止境的，如果放任自己的欲望横流，必将拖垮家庭经济，最终会导致家庭破裂。

量入为出是这个习惯的立足点，有什么水平便过什么样的生活，收入提高一步消费水平便提高一个档次，绝不好高骛远，也不哗众取宠，而是踏踏实实，这才是老实做人的态度。稍有节余则是这个习惯的结果。

消费盲无目的，随意购物，往往造成积压和不必要的浪费。"顺手"消费，更是百害而无一利，必须改掉这种容易使你变"穷"的盲目消费的坏习惯。

盲目消费，就是赶时髦、凑热闹。随意购物，往往造成积压和浪费。讲求实用，带目的性消费，不是必需品则不必购买。

"顺手"消费，是盲目消费的一种常见习惯。

到商场是为了买电饭煲，结果"顺手"又添了两件大减价的丝质衬衣；去超市是为了买块香皂，在买完香皂后，又"顺手"买了两大盒鲜牛奶……最终，由于整天在外吃饭，而"错"过了鲜奶的保质期，只能白白倒掉；由于减肥计划一直没成功，那两件丝质衬衣被迫压在箱底，被虫蛀咬……

你也有同样的经历吗？如果有，要赶快改掉“顺手”消费的坏习惯，否则你会经常体会后悔的滋味。“顺手”消费的坏处至少有三条：一是破坏消费计划；二是浪费钱，因为根据经验，凡“顺手”买的都不是必需的东西；三是浪费你的时间和精力，因为买回来了，你就得安置和保养，否则最终是废物一件，让你留也不是扔也不是。总之，“顺手”消费对理财不利，要赶快改掉这个坏习惯。

1960年，汉特和玛丽亚从古巴来到美国时，身无分文。1966年他们大学毕业后做了记者。他们的致富策略就是节省每一分钱。由于银行储蓄是按复利计算的，所以夫妇俩每月按时去银行存钱。他们的生活很节俭，打折商品是他们常买的东西，经常从报纸上剪折价券去买便宜东西，上班带盒饭。几年后，他们便把收入的大部分储蓄起来。直到1987年，他们拿出1250美元投到共同基金里，8年后就成了百万富翁。

我们要有意克制，否则我们所谓的“必要开支”将总是大于我们的收入。

不要把必要开支与你的欲望混为一谈。你的支付能力是永远也满足不了你和家人的欲望的。所以，虽然你用所有的收入去尽量满足这些欲望，到头来却仍然有许多欲望没能满足。所有的人都有许多他们自己无法满足的欲望。你以为拥有了财富就可以满足自己所有的欲望了吗？事实并不是这样的。

只要农民给野草留出了生根的地方，它们就会漫地乱长。同样，只要有被满足的可能，欲望就会在人的心里膨胀起来。你的欲望有很多，能力永远跟不上欲望的需求。

仔细地反思我们的日常生活习惯，就会发现其中有一些不必要的开支可以删除。记住，把一分钱都花在真正有价值的地方。但是，有的人却不这样想，他们在买东西的时候，从来不看质量，只看价格。也就是所谓的“不求最好只求最贵”。

见好就收，见坏更要收

古时候，有个人想出了一个捕捉野鸡的好办法。

他把箱子制作成一个有进无出的陷阱，一旦野鸡进去了，只要把进口堵上，就难以逃出来。

这天，他抓来一把玉米，从箱子外面一路撒下去，一直撒到箱子里面，然后他在箱子盖上系了一根绳子，自己攥着绳子的一端，远远地躲在一边，等着野鸡的到来。只要他把绳子轻轻一拉，箱子盖就会关上，野鸡就跑不出来了。

不一会，一群野鸡看到了玉米粒，都欢快地啄食起来，他数了数一共有10只呢。10只够他吃好几天的了。有3只进箱子里了……已经有7只了、8只了，他盯着外面的2只野鸡，要是它们也进去了，自己就可以一个礼拜不用出来工作了。

他正想着，1只野鸡溜了出来。他懊悔地想刚才真该拉绳子。如果再进去1只我就关，他这样想。可是又出来2只，在他想的时候又跑出来2只……

最后，他眼睁睁地看着那些野鸡心满意足地离去了。箱子里什么都没有了，包括他的玉米粒。

如果故事中的主人公在8只野鸡进入箱子的时候，就拉绳子，或者在第一只野鸡溜出来的时候捕捉野鸡，他的收获都是很可观的。可惜的是，

他不懂得“见好就收，见坏更要收的道理”，该断的时候不断，自然会“反受其乱”了。

也许有人会说，见好就收可能会失去更多的好机会，当然，不排除这种可能性，但是当这个“好”到了一定的限度，收也无妨，毕竟你已经占有了大部分利益。10只野鸡捕到了8只，已经是决定性的胜利，如果把目标定在百分之百的占有上，那不是雄心壮志和目光长远，而是人心贪婪的表现。

说到“见坏更要收”，那是因为机遇中往往隐藏着巨大的风险，许多问题的严重性随时变化，拖得越久就越难以解决。当事情呈现出不良倾向时，你还期待着事情朝好的方向发展，那无异于给问题恶化的机会，也无异于把自己的利益交给不可知的外力。

如果为了难以预料的未来的利益，而牺牲眼前的大部分利益，这是明智之举吗？只是因小失大的短浅罢了，最后的结果必然是浪费时间和错失良机。

很多商人在情况开始恶化的时候，依然抱着缥缈的幻想，祈祷事态按照预想情况发展下去，他们无法客观分析状况，也不做补救措施，根本就没有立刻停止的意识。这种盲目坚守最后导致的是企业和生意深陷困境，甚至无法挽回。

生意场上不能把算盘打得太响，有7分的把握还会有3分冒险，这个时候就要懂得“见好就收”，以免事情向坏的方向转化；当事情只有3分把握7分冒险的时候，就是你该收场的时候了，如果不当机立断，就会在幻想和迟疑中把事情弄得更糟，遭受的损失也会更大，这也就是我们说的“见坏更要收”。

很多时候，生意的发展并不像商人主观想像的那样，能否早退一步有时就决定整个生意的成败。见好就收才能谋得更多的利益。

有了金钱，也未必幸福

金钱一出现，它对人的吸引力就从未停止过，无论是硬币、钞票还是信用卡。然而时至今日，人类仍无法解释金钱与幸福感之间的关系。

当面对金钱时，人的行为几乎没有道理可讲。西班牙著名经济学教授巴勃罗·佩罗龙说："人要比点钱机器复杂得多。我们很难给人的爱恨情仇总结出数学公式。任何经济理论在人的不理智面前都变得站不住脚了。"

客观唯心主义的创始人柏拉图曾说，人的行为就好比一辆由两匹马拉着的马车，一匹马代表理智，另一匹就是情感。

曾有哲学家这样总结金钱与人之间的关系：几个世纪以来无数人都在谈论金钱，金钱同时成为人最爱和最蔑视的东西。人类对金钱孜孜以求，就连道德家也不会轻视它的存在。

一个人有100万元并不能称为"百万富翁"，只有那些拥有100万元但又能连续投资使100万元再增值100万元的人，才可以称得上"百万富翁"。前者充其量只是个"存款额"很高的人，他们不能荣获"百万富翁"的称号。

凡是用金钱买不到的东西用金钱买到了，它原有的价值便不存在了。

1角硬币和20美元的金币沉在海底是毫无区别的。只有当你将它们拾起并投入流通时，它们的价值区别才会显现出来。

因此我们对金钱，要取之有道，用之有度。用正当手段赚钱、靠诚实劳动和合法经营致富，是受国家保护的，是光荣的；不义之财终被夺，靠非法手段攫取钱财，是没有好下场的。

对于金钱，要用之有益，用之有度。要把钱用到最需要的地方，用于做最有意义的事。“一粥一饭，当思来之不易；半丝半缕，恒念物力维艰。”花钱要节制，用于做什么要分轻重缓急，能够节省的要节省。少花钱多办事、办好事，就能让钱发挥出更大的作用。

在算“经济账”的同时，还要考虑家庭的“幸福指数”，因为精打细算、科学理财的最终目标还是为了提高生活质量。换句话说，也就是要我们明了金钱在生活中的真正用途。其实，我们拥有金钱的真正目的无非是使自己的生活更加幸福。

在字典里，关于幸福的注解表明——幸福就是生活或者境遇称心如意。也有人说，幸福应该是意识层面上的东西，与物质上的富足并不直接对等。就是这简单的两个字，是所有人的奋斗目标。但是很多人为此奋斗、腰缠万贯后，蓦然回首，却不知道幸福在哪儿。

金钱与快乐的关系

快乐与金钱之间的关系似乎非常微妙，不同的人会把它们摆在不同的位置。

记得有人曾对滚石集团的总裁进行过这样的评论：他实际上不是一个最好的经营者，对他而言，经营是次要的，金钱只是他快乐的副产品。他是在做自己喜欢的事情，因此他们投入了极大的精力和热情，并最终获得了成功，这成功当然也包括财富的创造。但是最重要的一点是，他们从事业中获得了快乐，这种快乐并不仅仅来源于金钱，更因为他们实现自己梦想的成就感。

在整个人类活动范围内，快乐都有助于改进人们的行为方式，从而获得成功，这包括婚姻美满、收入增加、健康长寿。科学家们还指出，把快乐视为通向完美生活的坦途也是错误的。实际上，快乐和成功之间的联系也有一些阴暗面，例如科学家们指出："一个快乐的黑手党成员可能更可怕，一个快乐的骗子艺术家在造假却不被抓获方面也许更厉害。"但是基本情况是，快乐似乎是成功之母。快乐是一个神奇的东西，如果你愿意分享，那么一个快乐会变成N个快乐。

中国有句古话：人为财死，鸟为食亡。赚钱当然是为了幸福生活，但是挣钱多少与幸福真的成正比吗？

我们通常认为，薪水当然是越多越好，但有一份来自美国的经典调查显示，年收入由5万美元涨到100万美元的人群，不觉得自己在加薪后的一年中，比过去的一年里更快乐。

心理学家对此现象的解释是：人往往忽略这样一个事实，即当薪水提高时，人的欲望也随之提高了。当拥有健康的身体时，我们不会期望自己更加健康；当拥有一个幸福的家时，我们不会希望拥有两个幸福的家；但对于和金钱有关的物质，我们总是觉得越多越好。于是在不断追求、满足自己对物质的渴望时，人往往牺牲的是健康、人际关系、家庭、爱情和平和的心境。

第四章
说话简单：不吹牛不传言不惹是非

说话对不少人来说是个很大的难题，愈是如此，他们把说话看得比登天还难。确实，不管做什么事情，大多要通过说话来完成。掌握好说话的尺度和分寸，根据不同的对象把话说到位，才能达到圆满办事的目的。

聪明人的嘴藏在心里，愚蠢人的心摆在嘴上

沉不住气的人在冷静的人面前最容易失败，因为急躁的心情已经占据了他们的心灵，他们没有时间考虑自己的处境和地位，更不会坐下来认真地思索有效的对策。

心中有浩然正气，自然使人尊崇，说话有分量；而心中傲气冲天的人，一副盛气凌人的样子，自然使人反感，认为此人目空一切，必难成大器，于是对你爱理不理的，倘若惹恼了人家，灾祸可能也就不远了。

中国有句俗话说："言多必失。"它的意思是，一个人总是滔滔不绝地说话，说得多了，言语中就自然而然地会暴露出许多问题。例如你对事物的态度，你对事态发展的看法，你今后的打算等等，会从言语中流露出来，被你的对手所了解，从而制定出相应的策略来战胜你。

另外，一个人有时心情不愉快，讲起话来不免会愤世嫉俗，讲出许多过头的话，招来很多麻烦。俗话说："病从口入，祸从口出"，这句话确实有一定的道理。大多的灾祸是从自己的言谈中招来的，因而慎言可以少祸。

言谈的灾祸，主要表现在以下两个方面：一是对身边的人和事评头论足，这种不考虑后果的高谈阔论，惹怒了上司和同事，就会埋下灾祸的导火线；二是在众人之中鼓唇弄舌，搬弄是非，像长舌妇一样，今天道东家

长，明天说西家短，这种缺少修养的言谈，极有可能遭到报复。说话能把握分寸，说得恰到好处，是一种修养、一种水平，既不能喋喋不休，口若悬河，又不能该说话时却沉默寡言。可见，言谈能反映出一个人为人处世的涵养功夫。

所以，每逢开口说话，不管是什么内容，都要注意别让别人产生自己被比下去的感觉。

比如，有人约了几个朋友来家里吃饭，这些朋友彼此都是熟识的。主人把他们聚拢来主要是想借着热闹的气氛，让一位目前正陷入低潮的朋友心情好一些。这位朋友不久前因经营不善，关闭了自己的公司，妻子也因为不堪生活的压力，正与他谈离婚的事，内外交困，他实在痛苦极了。来吃饭的朋友都知道这位朋友目前的遭遇，大家都避免去谈与事业有关的事。可是其中一位朋友因为不久前赚了很多钱，酒一下肚，忍不住就开始谈他的赚钱本领和花钱功夫，那种得意的神情，连主人看了都有些不舒服。那位失意的朋友低头不语，脸色非常难看，一会儿去上厕所，一会儿去洗手，后来他赶早离开了。

因此要提醒你，与人相处，切记不要在失意者面前谈论你的得意。一般来说，失意的人较少有攻击性，但别以为他们只是如此。听你谈论了你的得意后，他们普遍会有一种心理——恼恨。这是一种藏到心底深处的对你的不满。你说得残唾横飞，不知不觉已在失意者心中埋下一颗仇恨的炸弹。

失意者对你的怀恨不会立即显现出来，但他会透过各种方式来泄恨，例如，说你坏话、扯你后腿、故意与你为敌，而最明显的则是疏远你，避免和你碰面，以免再见到你，于是你不知不觉就失去了一个朋友。

随意自夸、口无遮拦几乎是骄傲自满者的通病。这种致命的弱点不仅暴露了自己的内心情感和意图，而且会使很多人心怀不满或恼恨不已。试想，如果别人的不舒坦是因你而起的，你还会得到好处吗？所以说，人应该把自己高人一筹的某些东西适当地隐藏起来，这不仅仅是一个人的修养问题，心气太傲了，真的容易吃大亏。所谓“木秀于林，风必摧之”，正

是这个道理。

生活中，有的时候，我们也要牢记“言多必失”的真理，话太多了难免会给自己招来一些麻烦。

沙皇尼古拉一世平定了一场由自由分子领导的叛乱，判处领袖李列耶夫死刑。当绞刑开始时，绳索断裂了，李列耶夫猛然摔落在地上。在当时，类似这样的事情会被当成是天意，犯人通常会得到赦免。

李列耶夫站起身后，向着人群大喊：“你看，他们甚至连制造绳索也不会。”

一名信使立刻前往宫殿报告绞刑失败的消息，并说：“陛下，李列耶夫这样说：‘你看，他们甚至连制造绳索也不会。’”听到这样的话，沙皇说：“那么，让我们来证明事实相反。”第二天，李列耶夫再度被推上绞刑台。这一次绳索没有断裂。

聪明人的嘴藏在心里，愚蠢人的心摆在嘴上。

用言语搭起相识的桥梁

大家萍水相逢，素昧平生，有的人感到拘束，羞于启齿；有的人找不到谈话的话题，无法开口。他们或局促地站在一边，拘谨而尴尬；或欲言又止，说不出口；或说话生硬，让人误解……产生这种现象的原因是因为没有胆量，信心不足，从而缺乏和陌生人交谈的勇气，因此在与陌生人交谈时应首先树立自信心。

当我们有了自信心，下面就面临着一个找话题的问题。一旦找到合适的话题，就能使谈话融洽自如。好话题是初步交谈的开端，深入细谈的基础，开怀畅谈的关键。

如何寻找和陌生人交谈的话题呢?你不妨从天气、籍贯、兴趣和衣着等方面着手。

例如："你故乡是哪里啊？""杭州。"于是你就顺着杭州往下发挥："那是个不错的好地方呢，不但风景美丽，住在那儿的人也颇富文人气息。""是啊，咱们杭州……"如此你就轻松地让对方打开了话匣子。或者，你可以说："今天天气真好，如果能外出郊游，一定很不错。""你喜欢爬山还是游泳?""我喜欢爬山……"顺势类推，绝对能找出源源不断的话题，甚至觉得意犹未尽呢。

一位打扮靓丽而时髦的女郎在一个首饰店的柜台前看了很久。售货员问了一句："这位女士，您需要买什么?"

“随便看看。”女郎的回答明显缺乏足够的热情，可她仍然在仔细观看柜台里的陈列品。此时售货员如果找不到和顾客共同的话题，就很难促成这笔生意，可能会使到手的生意溜走。

细心的售货员忽然间发现了女郎的上衣别具特色：“您这件上衣好漂亮呀！”

“啊。”女郎的视线从陈列品上移开了。

“这种上衣的款式很新颖，是在隔壁的百货大楼买的吗？”售货员满脸热情，笑呵呵地继续问道。

“当然不是!这是从国外买来的。”女郎终于开口了，并对自己的回答颇为得意。

“原来是这样，我说在国内从来没有看到这样的上衣呢。说真的，你穿这件上衣，确实很吸引人。”

“您过奖了。”女郎有些不好意思了。

“只是……对了，可能您已经想到了这一点，要是再配一条合适的项链，效果可能就更好了。”聪明的售货员终于顺势转向了主题。

“是呀，我也这么想，只是项链这种昂贵的东西，怕自己选得不合适……”

“没关系，来，我来帮您参谋一下……”

聪明的售货员正是巧妙运用了语言这门艺术，搭起相识的桥梁。然后顺水推舟地引导那位陌生的女郎，最终成功地推销了自己的商品。

人际交往中面对众多的陌生人，你只要主动、热情地同他们说话、聊天，并在话语中逐渐摸索、试探，总会找到投机的话题。

与陌生人初次交谈，窘迫心理在所难免，我们应该努力树立自己的信心，培养自己的勇气，找准和对方谈话的“切入点”，这样就能让对方打开“话匣子”，从而也达到了你的目的。

在什么场合说什么话

俗话说："到什么山唱什么歌，卖什么就吆喝什么。"应用到社交场合就是在什么场合说什么话。如果一个人不分场合地说话，那不仅不会有好的人际关系，还可能因此吃大亏。

你若想受人欢迎，获得良好的人际关系，就必须在什么场合说什么话，否则就会破坏交际效果。

在不同场合中，人们对他人的话语有不同的感受、理解，并表现出不同的心理承受能力。比如，在小场合和大场合，家庭场合与公众场合，人们对于批评性说法的承受能力有明显的差异。

正因为受特定人际关系和场合心理的制约，有些话只能在某些特定场合说，换一个场合就不行。同样一句话，在这里说和在那里说也有不同的效果。因此，在人际交往中，说什么，怎么说，一定要顾及场合、环境，才有利于沟通。不顾及场合的心直口快是不值得提倡的。在社交场合说话，一般要注意以下几个方面：

(1)要在思想上强化场合意识。

有些人在思想上没有场合意识，不管什么场合他都习惯从主观意识出发。心里怎么想，嘴上就怎么说，丝毫不考虑别人的感受，这样往往会冒犯别人。

小刘和小李平时爱开玩笑，几天没有见，一见面一个就说：“你还没有‘死’呀？”对方也不计较，回一句：“我等着给你送花圈呢!”两个人哈哈一笑了事。后来小刘因病重住进了医院，小李去医院看望，一见面想逗逗他，又说：“你还没有死呀？”这一次，小刘变了脸，生气地说：“滚，你滚！”把他赶了出去。小刘正在病中，心理压力很大。而小李在病房里对着忧心忡忡的病人说“死”，显然是没考虑场合，人家怎能不反感、恼火?其实，小李说这话也是好意，想让对方开开心，只可惜他在思想上缺乏场合意识，不该在这种场合开玩笑，才闹出了不愉快。

这个事例说明，有些人说话所以惹恼人，并不是他们不会说话，而是场合观念淡薄。所以，对于这些人来说，当务之急在于增强场合意识，懂得不同场合对说话内容和方式的特定限制和要求，时时不忘看场合说话。

(2)要充分利用特定的场合讲话。

克林顿之所以能当上总统，与他的绝佳口才有很大的关系。在1992年10月15日第二次电视辩论中，辩论现场只设一个主持人，候选人面前都没有讲桌，只有张高椅子可坐，克林顿为了表示他对广大电视观众的尊敬，一直没有坐，并且在辩论中减少了对布什的攻击，把重点放在讲述自己任阿肯色州州长12年间所取得的政绩上。克林顿的这种以柔克刚、彬彬有礼的做法，立即赢得了广大电视观众的好感。

最后一次电视辩论中，克林顿潇洒的姿态，敏捷的论辩与幽默机智的谈吐使他大出风头。他在对布什的责难进行了有效的反驳以后，很得体地对广大电视观众说：“我既尊敬布什先生在白宫期间的为国操劳，又希望选民能鼓起勇气，不墨守成规，接受最佳人选。”话音刚落，掌声雷动。

充分利用特定的交际场合，可以为你增添无穷的魅力，从而使你的社交能力进一步加强。

(3)要自觉摆脱谈吐上的习惯性。

人们的言行往往带有一定的习惯性。这种习惯性使他们说话时来不及考虑就脱口而出，造成与场合的不协调。

李辉陪女友到商场购物，在熙熙攘攘的商场里，女友兴致很高，从这个柜台到那个柜台，买了这件又看那件，快到中午了仍没有离开的意思，李辉有些不耐烦了。当女友提出买一条纯金项链时，他终于承受不住了，生硬地说：“你怎么见什么买什么，能赚多少钱啊?我又不是百万富翁！”这句话刚出口，顾客们都朝他们看，女友本来微笑的脸顿时变了样，生气地反驳道：“怎么，我还没有花够钱呢，你急什么?我就要买，怎么着!你若怕花钱的话，咱们就此分手吧！”直把李辉顶得说不出话来，难堪极了。接着发怒的女友什么也不买了，气愤地头也不回就走了。使李辉不解的是，女友的性格本来很温顺，交往以来，从来没有发过这么大的火。可今天为什么她的火气这么大呢?很显然，是李辉忽略了场合因素，把其惯用的说话方式用到公众场合来，用生硬的口吻指责女友，刺伤了女友的自尊心，才引发女友为维护自己的面子而表现出的强硬态度。

所以，心直口快的人必须有意识地摆脱自己口语表达上的习惯性，养成顾及场合、随境而言的良好表达习惯。在交际活动中，选择最恰当的方式说话，以使自己的谈吐既符合场合要求，又考虑到谈话对象的接受心理，最大限度地实现与交际对象的沟通。

一个人想获得良好的人际关系，时时处处受到人们的欢迎，就必须做到不同的场合说不同的话，否则不仅会影响到你的人际关系，可能更会给你的工作和生活带来不必要的麻烦。

说话要学会“过脑子”

我们一定要视时间、地点、对象的不同而说不同的话。在说话的同时一定要慎重，不该说的话千万不能随口乱说。

打工妹小玉找到了一份在饭店做服务员的工作，却只上了一天班就被老板辞退了。其实她的条件并不是很差，也没有做错什么事，只是不小心问了一句不该问的话。

那天，小玉刚一上班，店里就进来了三位客人，她随即拿出菜单，去让这三位客人点菜。第一位客人点的是糖醋里脊，第二位客人点的是宫保鸡丁，第三位客人点的是京酱肉丝，但是，他特别强调要用干净一点的杯子倒啤酒。

很快，小玉将这三位客人所点的菜，用盘子端了出来，一边朝他们坐着的方向走来，一边还大声地向这三位客人问道：“你们谁要用干净一点的杯子盛酒……”

就凭小玉的这一句话，老板当然毫不客气地辞退了她，因为她的问话很使老板脸上无光。

在工作中，要讲究说话的方式，同样，在社会交际的过程中，也要把握好说话的分寸，恰到好处地说好该说的话。

说话不仅要根据条件的不同而采取不同的表达方式，也要根据前后话语相互联系而恰当地选择语言。

几位年轻的员工去慰问一位退休老工人，见面以后问道：“您老身子骨真够硬朗，今年高寿?”老工人回答说：“七十七啦。”“人生七十古来稀，厂里数您最长寿吧？”“哪里，××活到了八十二呢!”“那您老也称得上长寿将军啊。”“不过，××去年驾鹤西行了。”“唷，这回可轮到您了。”那几位员工说道。谈兴正浓的老工人听到这句话，脸色陡变，毛病就出在“这回可轮到您了”这句话上。前面老人刚说完老同事逝世的事，他们却接下去说“轮到您”，这不就使老人产生误会了吗？如果这几位年轻员工能控制好前后话语，把话说成“这回长寿冠军可轮到您了”，也就不会出现不快了。

讲究说话的艺术对于迅速有效地传递信息，塑造良好的气氛有着不可忽视的重要作用。如果只贪图自己一时的痛快而无所顾忌地说了不该说的话，只会给自己制造出一些不必要的麻烦。

我们在生活中，应该根据不同的情况说不同的话。大家知道，一言可以兴邦，一言可以乱邦，所以老于世故的人，总是精于此道，可以不开口的，就情愿学金人之三缄其口，实行其“庸人之谨”。比如他的隐私惟恐人知，你说话时偏在无意中说出他的隐私，基于“言者无心、听者有意”的道理，他会认为你是有意揭露他的隐私，恨你入骨。这是说话的第一忌。

他做的事，别有用心，他对自己的用心，极力掩饰不让人知，如果被你知道了，必然对他非常不利。你如与他向来熟悉，对他的用心知之甚深，他虽不能断定你一定明白，然而终究会对你感到十分疑惑与妒忌。你处于这种困难境地，绝不可对他表明绝不泄密，那你将如何自处呢？你唯一的办法，只有假装耳聋，若无其事。而这就是说话的第二忌。

他有阴谋诡计，你却参与其事，代为决策，帮他执行。从好的方面说，你是他的心腹；从不好的方面说，你是他的心腹之患。你虽谨慎地保守秘密，从来不提及这件事，不料另有智者猜中此事，对外宣告，那么你无法逃掉泄密的嫌疑。你只有经常接近他，表示自己绝无二心，同时设法侦察泄露这个秘密的人。这是说话的第三忌。

万一对方对你不太了解，不十分信任，你却极力讨好他，对他说极深切的话，假使他采用你的建议，然而试行的结果并不好，一定疑心你有意捉弄他，使他上当。即使试行结果很好，他对你也未必会增加好感，认为你只是碰巧说对，做事的人又不是你，怎可算你的功劳？所以这个时候还是不说话为好。这是说话的第四忌。

他犯有错误被你知道，你便直言进谏。他本来就已觉得愧疚，惟恐旁人知情。你去揭破，他自然更觉惭愧，由惭愧而忿恨，由忿恨进而与你发生冲突，你不是凭空多了一个冤家?所以，即使告之，也应以婉转为宜。这是说话的第五忌。

我们在与人相处的过程中，说话是最关键的。在社交场合中说话，“嘴上一定得留个把门的”。说话之前一定学会“过过脑子”慎重考虑好了再说，不该说的话一定不要乱说。

说话时学会为自己留“余地”

俗话说：“逢人只说七分话，未可全抛一片心。”我们在社会中与人交往，不必将自己知道的东西全部都说出来。

一个社交高手在说话中很懂得为自己留余地，你一定会认为他们很圆滑世故、为人不诚实。

其实说话前先看对方是什么样的人，如果对方不是一个可以深谈的人，那么最好还是少说为妙。

科学史上有过这样一件事：一个年轻人想到大发明家爱迪生的实验室里工作，爱迪生接见了他。这个年轻人为表示自己的雄心壮志，说：“我一定会发明出一种万能溶液，它可以溶解一切物品。”爱迪生便问他：“那么你想用什么器皿来放这种万能溶液呢?它不是可以溶解一切吗?”

年轻人正是把话说绝了，陷入了自相矛盾的境地。如果将“一切”换为“大部分”，爱迪生便不会反诘他了。

词用对了，修饰程度不同，说起来分寸就不一样。如“好”一词，可以修饰为“很好”、“非常好”、“最好”、“不好”、“很不好”等，这些比较级的使用要慎重。如果你没听天气预报，即使听了，明天还没到，便不可以说：“明天一定会下雨。”一个人的文章写得一般，客气地说也只能是“还好”，怎么能说“非常好”呢?

好的修饰词使意思表达完整，恰到好处；过于夸张或过于缩小的修饰词，则会与客观实际相冲突，陷入两难境地。屠格涅夫的小说《罗亭》

中，皮卡索夫与罗亭有一段对话：

罗：妙极了!那么照您这样说，就没有什么信念之类的东西了?

皮：没有，根本不存在。

罗：您就是这样确信的吗?

皮：对。

罗：那么，您怎么能说没有信念这种东西呢?您自己首先就有一个。

皮卡索夫在此用一个“根本”，把话说绝了。因此，遇到不十分有把握的事，一定要多用“可能’、“也许”、“或者”、“大概”、“一般”等模糊意义的词，使自己的判断留有余地。

有些人讲话，常常不考虑听者的感受，也不让他人有讲话的机会，所以容易引起他人的不满。其实，话语不在多少，只要恰到好处说到“点”上即可，说多了反而会引起别人的反感。

话多的人不一定智慧多，而事实上往往可能相反，所以俗语说：“话多不如话少，话少不如话好。”

在人际沟通中，说话切记不要旁若无人，滔滔不绝地讲个不停，应该给人留余地，让别人也有讲话的机会，这样才是一个智者所为。

切莫信口开河伤及他人自尊

一个人的处世交际能力的水平完全可以从他的谈话中体现出来。如果你在这方面有所欠缺，最好是少开口为妙，说了他人不爱听的话等于白费口舌，自讨没趣，再一不小心伤了他人的自尊，那麻烦就更大了。

古人所谓“片言之误，可以启万口之讥”，所以，在公开场合，说话宜少不宜多，宜小心不宜大意，要出口以前，先得想想，替听你话的人想，他愿意听的话，才出之于口，他不愿听的话，还是不说为妙。所谓不愿意听的话，也有种种。老生常谈，他是不愿意听的；一说再说，耳熟能详，他是不愿意听的；与他的心境相反，他是不愿意听的；与他的主张相左，他是不愿意听的；与他毫无关系，他是不愿意听的；与他利害冲突，他是不愿意听的；有关他的伤疤，他是不愿意听的；有关他的隐私，他更是不愿意听的；然而他最不愿意听的，该算是尖锐锋利、伤及他自尊的话了。

但是说尖刻话的人，未尝不自知其伤人，而乃以伤人为快，这是什么道理？这完全是心理的病态，而心理之所以有此病态，也自有其根源，是后天性的，不是先天性的。换句话说，这是环境逼他走入歧途。

如果你的身上有这样的毛病，你一定明白这种病的危险，不去医好，结果必是众叛亲离，不要说在社会上，只有失败不会成功，即使在家庭中，亲如父兄妻子，也无法水乳交融。不过父兄妻子，关系太密切，即使无法容忍，仍会宽容以待，社会上的人，就绝不会对你这么宽厚，必然以眼还眼，以牙还牙，总有一天，你会成为大众的箭靶子。所以说话尖刻，足以伤人情，伤人情的最后结果，却是伤了自己。

人都有不平之气，对方的说话，你觉得不入耳，不妨充耳不闻，对方的行为，你觉得不顺眼，不妨视而不见，何必过分认真，定要报以尖刻的话，伤及他人自尊。

不乱说他人是非的人最受欢迎

哲学家们说“一个女人等于500只鸭子”，这也许有贬低女性的意思，但也许说出了部分事实，喜欢闲聊是女人的天性，诸如衣服、品牌、化妆品、男人……谁谈恋爱了，谁和男朋友分手了，谁和老板的关系可能不正常了，谁考试没过关了，谁给上司送礼了……不要以为你说了不会有人知道，不要以为身边的人都是朋友，可能你上午说完，下午别人就知道了，而你就在毫不知情中却把人得罪了。

所以，聪明的女人一定要管好自己的嘴，闲谈莫论人非。你可以做个好的倾听者，但是如果你知道自己管不住自己的嘴，那么最好不要加入到任何的闲谈中，以免殃及自身。

曾经有位哲人说过这样一句话：“坏人不讲义，蛮人不讲理，小人什么都不讲，只讲闲话。”闲话也有很多种，一种是依事据理、与人为善的说法；一种是无中生有、搅乱是非的说法。

职场的人际关系复杂，女性朋友们为了保住自己的地位和名誉，什么都不要尝试，因为你不敢保证自己哪句毫无恶意的话会被别人捕风捉影地到处传播出来，那样即使你有一百张嘴恐怕也说不清了——得罪了人不说，还有可能从此受到排挤。试想一下，你身边的人天天给你穿小鞋，有几个人能承受得住？

Linda在上班路上遇到部门公认的美女主管阿美，看到她从一辆豪华轿车上下来，两人寒暄了几句。回到办公室，女孩子们正在聊天，“Linda，以后少和那个阿美接触，听人说她在外面被人包养了。”“难怪，我看到她从一辆豪华轿车上下来。”办公室里一下炸锅了，一传十，十传百，下午开会阿美看她的眼神都不对了。之后阿美处处都找Linda的麻烦。原来全公司都在传阿美被人包养，而且还有人亲眼见到了，而那个人自然是无意之中多嘴的Linda了。此时的Linda有嘴也说不清，只得找了个借口递了辞呈。

言多必失，古人的遗训想来是有道理的。尤其是喜欢在背后议论别人的女人，总有一天你说的话会传到被谈论者的耳朵里——如果你们是朋友，那你将失去这个朋友；如果你们是同事，那你将多一个职场敌人。

一个女人在他人背后指指点点、说三道四，会在贬低对方的过程中破坏自己的大度形象，而受到旁人的抵触。

不要轻易地去议论别人，这样会降低你的人格魅力。从而给自己的人际关系带来不良影响。所以大家一定要以此为戒，管好自己的嘴巴，注意自己的形象。

宁在人前骂人，不在人后说人

俗话说“隔墙有耳”。好话不出门，坏话传千里，所以要做到“宁在人前骂人，不在人后说人”。别人有缺点、有不足之处，你可以当面指出，劝他改正，但是千万别当面不说，背后说个没完。

有一句话叫做：“谁人背后无人说，谁人背后不说人。”这话虽然说得有些绝对，却也说明了一个道理，那就是，大多数人都多多少少地在背后说过别人。不过有一点，经常在背后说别人坏话的人，肯定不会是受欢迎的人。因为凡是有点头脑的人，都会自然而然地这么想：“这次你在我面前说别人的坏话，下次你就有可能在别人面前说我的坏话。”这样一来，说人坏话者在别人的印象中就不可能好到哪里去。

在日常应酬中，常常会遇到别人在你面前说另一个人的坏话，对此，你应该端正态度，用辩证的思维去考虑这种事。因为说对方坏话的人，总是有着各种各样的原因，充分地分析讲话者的心理及原因，对做到完善自身大有益处。

有两个朋友因为一个女人而闹得互相之间很不愉快，两个人虽然平时见面还都装着一副无所谓的样子，但是一旦分开，就会对其发起“攻击”，将对方的“坏”处添油加醋地讲出来。身为朋友，你当然成了他们双方发泄对对方不满的汇集点。当甲对你说乙的坏话时，你应尽可能地保持沉默，在适当的时候加进一两句劝导的话，不对乙加任何评语；当乙对你说甲的坏话时你也同样不要对甲加任何评语，在适当的时候对乙劝导几句。所有的话，无论是甲说的还是乙说的，都让它们到你这里截止，再不外传。一段时间过后，当甲乙二人都冷静下来时，回想起他们在你面前所说的那些话，他们肯定自己都觉得不好意思。这样处理，就不会使他们之间的矛盾进一步激化，好朋友终究还是好朋友。

如果换一种情形，你对他们一味顺承，在甲面前附和着说乙不好，在乙面前附和着说甲坏话，那么结果可想而知。

从这件事中，可以得到一个经验，那就是当别人对你说第三者的坏话时，无论你是否明白其中的原因，你都必须保证做到一点，那就是“入耳封存”，同时还得充分了解对方，如果发现对方是无缘无故，只是天生有背后说第三者坏话的习惯，那么你就得注意，在以后的应酬中有意识地疏远他。

如果别人有什么缺点，你可以寻找适当的机会当面向他提出，或者容而忍之、视而不见。背后议论别人的方法绝不可取。

养成谦逊儒雅的言谈之风

在人际交往和求人办事的过程中，没有谁会喜欢那些一上来就牛气冲天的人，而那些言谈举止谦逊儒雅的人则会给人留下很好的印象，如果是求人办事，自然一帆风顺。

那么，具体来讲，应该怎样在这方面提高自己呢？

首先，所谓“礼多人不怪”，一定要注意自己的礼貌用语。

第一，经常使用日常生活中的见面语、感情语、致歉语、告别语、招呼语。早晨见面互问“早晨好”，平时见面互问“您好”。初次见面认识，可说“您好”“很高兴和您认识”，分别时说“再见”“请再来”“欢迎您下次再来”。特定情况的告别可用“祝您晚安”“祝您健康”“祝您一路顺风”。有求于人说声“请”“麻烦您”“劳驾”“请问”“请帮助”。对方向你道谢或道歉时要说“别客气”“不用谢”“没什么”“请不要放在心上”。

第二，养成对人用敬语、对己用谦语的习惯。一般称呼对方用“您”，对长者用“大爷”“大妈”“先生”，对少年儿童用“小朋友”“小同学”，称呼别人的量词用“位——各位、诸位”，不要用“个”。对自己或自己一方的人可以用“个”。例如：对方问“几位？”自己答“×个人”。

第三，多用商量语气和祈求语气，少用命令语气。如“您请坐”、

“希望您一定来”等。这样的语言和气、文雅、谦逊，让人乐于接受。

第四，说话要考虑语言环境。即不同场合，不同情况，谈话人的不同身份，谈什么事情，需要用什么语气。例如商业工作者出于工作和礼貌需要，见矮胖型的女顾客应说“长得丰满”，见瘦长体型的女顾客应说“长得苗条”。其实“丰满”和“苗条”是“肥胖”和“瘦长”的婉转说法，但前者易为别人接受。其次，要考虑不同的对象。在我国，人们相见习惯说“你吃饭了吗？”“你到哪里去？”有些国家不用这些话，甚至习惯地认为这样说不礼貌。因此见了外国人就不适宜问上述话语，可改变用“早安”“晚安”“你好”“身体好吗”“最近如何”等。

第五，注意说话的空间和时间。谈话人的身份各异，如果是长者、上级、师辈，谈话的距离太近和太远都是失礼的。男女之间谈话，距离则不宜太近。说话的时间过长、过多、中途停顿，都是不礼貌的。

总之，要根据时间、地点。对方的身份(年龄、性别、职业等)以及和自己的关系，多说并恰当地选择人情话和礼貌用语。该说好话时就要说，甚至多说一些也无妨，没有人因为听到好话而产生反感。要想在人际交往中处处受欢迎，就要适时地用语言表现出自己的礼貌与修养。

其次，切忌一上来就自傲自大、自吹自擂。

有些人总喜欢胡乱地吹嘘自己。这种人的口才或许真的很好，但只会令人厌恶而已。这样的人并非是直率，说穿了只是由于强烈的自我表现欲所产生的虚荣心在作祟。

以简单明了的词汇来发表的言论，必须先充实实际内容，再以简单而贴切的词汇表达出来。若非具有这种功力，就无法具备以简单明了的词汇来表现实力，这其实远比稍具难度的辩论更困难。

有些人乍看之下很平凡且没有可贵之处。但经过认真地交谈之后，就能够很直接地被其内心的思想所感染，这种人所使用的词汇往往最简单明了。

朋友必须是彼此真心真意地了解，以建立一种“心有灵犀一点通”的沟通方式为目的。彼此要在交往中培养相知相惜的情谊。

再者，对于某些自己不明白或似是而非的事情不要不懂装懂。

社会上一知半解的人一多，就容易流行起一股装腔作势之风。如果凡事都一无所知，心里容易产生唯恐落于人后的压迫感，这也是人们常见的心态。在绝不服输或“输人不输阵”的好胜心作祟下，随时都想找机会扳回面子。

“闻道有先后，术业有专攻”，每个人都有自己的专长，不可能每件事都很精通。愈是爱表现的人，愈是无法精通每件事。交朋友应该是互相取长补短，别人比自己专精的地方就不耻下问，即使是自己很专精的事，也要以很谦虚的态度来展现实力，这样才能说服他人。

所谓很谦虚的态度，是指对于自己专精的事物，不妨表示一下自己的意见，只是说话技巧要高明。

现代社会可以说是一个高度复杂的信息时代，每个人所吸收的知识都不可能包含万事万物。若不以虚心的态度与人交往，如何能够受到大家的欢迎；凡事都自以为是的人，必然得不到大家的尊敬。

不论是不懂装懂或是真的无知，都同样有损交际范围的扩展。

骄傲使人落后，谦虚使人进步。这朴素的真理是每一个人都应该牢牢掌握的。你不仅要记住它，更要深深地理解它的含义，并把它当作自己言行的指导思想。唯有如此，你才能真正养成谦逊儒雅的言谈之风，让所有的人都无法拒绝你。

少说话 巧说话

少说话，是一种谨慎的人生态度，避免稍不留神就说错了话，使所说的话被人误解，引起不必要的麻烦，对自己不利。

苏东坡不仅才华横溢，而且为人正直，敢于批评时政的弊病，因而使人侧目。不喜欢他的人总想找他的岔子整治他。有一次御史台的官僚们拿苏东坡的诗作根据，断章取义，无限上纲地分析，硬说他讽刺朝廷，诬蔑皇上，把他从湖州刺史任上抓来，下在大牢里，几乎杀头。后经他的弟弟子由和许多好友大力营救，才保住了性命，贬到黄州受管治。迫害并没有到此结束，以后他继续受到多次打击，新账旧账一起算，越算越多，被贬谪去的地方也越来越远，最后他竟被贬到荒僻遥远的海南岛。长期的磨难使他认识到派系复杂、斗争激烈的严酷现实。他在著名的《水调歌头》一词里，曾很有深意地慨叹：

“我欲乘风归去，又恐琼楼玉宇，高处不胜寒。”以后人们常用“高处不胜寒”来形容凡事达到较高程度的不易立足。

苏东坡敢怒不敢言，便常常以嬉笑诙谐的形式，来曲折地发泄心中的不平之气。有一次，大家欢迎他讲故事，他当场编了一个新奇故事，说得大家前仰后合。他说：“昨夜，我做了一个梦，梦见两个峨冠博带的人找我，说海龙王请我去吃饭。我也确实很久没吃过饱饭了，听说请吃饭，心中很高兴，便冲涛踏浪，跟着他俩到了龙王的水晶宫。水晶宫里琼楼玉宇，百宝纷呈。龙王带一大群臣僚，还有妃嫔出来迎接我。他们说了许多称赞我的话。满桌山珍海味，身边一个美人专给我斟酒。那美人身材窈窕，肤色白嫩，双目像太液池里的秋波，一闪一闪地瞅着我，身上散发着香气，使我神魂颠倒。正在这时，龙王让我为今日之幸会题诗。我当即援笔挥就，盛赞龙王功德和水晶宫里的豪华，并颂扬君臣的才学与妃嫔们的艳美。龙王高兴极了，夸奖我的文笔，给我赏赐了大量的珍宝。正在我得意的时候，忽然一个丞相模样的大臣，低声告诉龙王，说我写的诗里有讥讽大王的语气。龙王一听大怒，吩咐虾兵蟹将把我赶了出来。我一看这位相公，原来是王八变的。唉！我苏东坡处处受王八相公的算计呀！”

苏东坡就是这样，在诙谐的谈笑中，曲折不露地发泄自己心中的不平怨气，忍耐艰难的遭遇，坚定自己的信心，什么样的环境也淹没不了他的智慧和才华。

苏东坡性格直爽，才思敏捷。他自己曾经说过：“我心里有什么话，就非说出来不可，正像饭里有只苍蝇，非吐出来不可一样。”正因为这样，他经常在众人面前，现编故事现说出来，以发泄心中的抑愤不平之气。

乌台诗案中，他被朝廷从湖州太守任上逮捕，押到汴京的大牢里，备受狱吏们的摧残凌辱。出狱后，他曾到山东任登州知州，不久调回汴京任礼部员外郎。有一天，他偶然遇见了当年迫害他的狱吏。狱吏惶惶不安，当年那股横暴之气不知跑到哪儿去了。苏东坡看着他诚惶诚恐的窘态，又好像吃了一只苍蝇，非吐不可，于是，当场给大家编了一个故事：

一条毒蛇咬死了人，阎罗王判处它赔命。它苦苦哀求阎罗王：“我有罪，也有功，请将功折罪，饶我一条命吧！”阎罗王说：“你有啥功劳？”毒蛇说：“我肚里有蛇黄，可以治病，已经治好几个人的病了。”阎罗王一查，确有其事，便赦免了它。过了不久，一头牛因为用角抵死了人，也被捉来，要判死刑。牛申辩说：“我有牛黄，包治百病，请允许我也将功折罪。”阎罗王照例也赦了它的死罪。正在这时，几个小鬼捆了一个长相凶恶的人送来，说此人作恶多端，蓄意杀人，请阎罗王处置。阎罗王说：“杀人偿命，法理不容，押下去斩首！”那人不服气，大喊：“我也有黄，我也有黄呀！请让我也将功折罪呀！”阎王大怒：“你不是人吗？你难道也有什么蛇黄、牛黄可以治病吗？”犯人结结巴巴，没啥可说，最后，哭丧着脸承认：“我肚里没有别的黄，只是有些恐惶、惊惶……”

狱吏被东坡这一奚落，更觉无地自容，只好悄悄地逃离了现场。

有一句谚语，叫“言多必有失”。因此，说话一定要重视慎言的重要性。言之无慎，毋宁莫说；言之有慎，多多益善。

话不在多全在点上

场面上对方对你还有一定距离感的时候，要想让人家心甘情愿地为你办事，一味靠夸夸其谈不一定能解决问题，重要的是摸清对方底细，对症下药。话不必多，一定要说到点子上。

王立和张民是某单位的两个专职司机。前不久，单位精简人员，两个人必须有一人下岗。于是，单位搞了一个竞争上岗，让两个人分别谈自己对将来工作的想法。

王立第一个上场，开始自己的演讲。他说如果自己将来能开车，一定会把车收拾得非常干净利索，遵守交通规则，而且保证领导的安全，同时要做到省油，不给单位增加负担等等。王立滔滔不绝地讲了半个多小时，终于讲完了。

轮到张民上场了，他只讲了三分钟没到，就下来了。他说他过去遵守了三条原则，现在他仍遵守这三条原则。如果能继续为单位开车，他还会遵守这三条原则。这三条原则是：听得，说不得；吃得，喝不得；开得，使不得。

众领导一听，都称赞这个司机说得好！

张民说的好在什么地方呢？首先，听得，说不得。意思是说领导坐在车上研究一些工作，往往在没公布之前都是保密的。我只能听，不能说，不能泄密。第二，吃得，喝不得。因为工作原因，我经常要陪领导到这儿开个会，到那儿参加个庆典，难免有这样那样的饭局。这时候，我该吃就吃，但绝对不喝酒，这叫保护领导的生命安全。第三，开得，使不得。你别看我是开车的，但是只要领导不用的时候，我也决不为了一己私利而开公车，公私分明，不给领导脸上摸黑。

这样的司机，哪个领导不喜欢？

于是，张民留了下来。

显而易见，张民能够留下来，并不是靠自己开车的技术，而是靠良好的口才。正是贴切地揣摩了领导的要求，把话说到了点子上，使他获得了一个工作的机会。

好胳膊好腿儿，不如一张好嘴儿。无论在职场还是在商场，每一个环节都离不开一张巧嘴。尤其是在商场上，我们每进行一场交易，都少不了一番舌战。而那些胜出者，无不是口才出众、巧于言辞的人。

杰瑞是一个聪明幽默的警官，无论遇到什么难题，总能化“险”为夷。杰瑞为什么会顺利地解决棘手的问题呢？主要是他懂得人们的心理，把话说到点子上。

有一天，三位女士为了芝麻大的事情来到警察局。她们你一言我一语，谁也不肯让谁先说，叽里呱啦几乎把房顶掀翻。局长毫无办法，只得叫人把杰瑞请来。杰瑞来后，观察了一会儿，不紧不慢地说：“我看你们的口才都不错，这样吧，请你们中间年纪最大的一位先说吧。”话音刚落，房间里顿时鸦雀无声。

当三位女士在争吵不休的时候，杰瑞的首要任务是让她们闭嘴。要让女人闭嘴就要抓住女人的心理，女人最怕别人问她们的年纪。杰瑞正是把握了女人们的这一心理，她们谁也不愿意让人知道自己年纪最大。杰瑞这一问，让叽里呱啦争吵不休的女人们都不说话了，达到了解决问题的目的。

话不在多，而在于能否说到点子上。在关键时刻，简简单单的一句话，只要能说到点子上，就往往能起到四两拨千斤的奇效。

世界上，最会说话的人不是口若悬河、滔滔不绝的雄辩之士，而是那些言简意赅、恰如其分地阐述自己观点的人，“大辩若讷”就是这个道理。

真正会说话的人，懂得用最简单的语言把意思表达到位，知晓在最短的时间内把话说到点子上。在关键时刻、关键场合把话说到点子上是一个人成功与否的决定性因素之一，也是一个人成熟稳重的重要标志之一。

多听少说好处多

在办公室与其他成员和睦相处，特别要注重人与人之间的沟通。深晓沟通技巧的老手都懂得："沟通之道，贵在少说话。"

多听少说，做一位好听众，处处表现出聆听、愿意接纳对方的意见和想法的态度。这时候，你会慢慢发现对方也比较愿意接纳你，并且提供给你所需要的答案和讯息，甚至把他的真正想法告诉你，让你事事顺心如意。

一位成功的领导者必须经常花相当多的时间，和他的伙伴及上司做面对面的沟通。他最常运用到的两项能力：一是洗耳恭听，二是能说善道。

所谓洗耳恭听，指的就是倾听的能力，这是迈向沟通成功的第一步。至于能说善道，则是说服的能力。当别人来跟你做当面的沟通，或者你主动与别人进行面对面的交谈，争取伙伴支持你的计划并争取他们的通力合作时，你是否善于运用倾听与说服的艺术，来实现你的目的呢？在谈到这些原则、技巧之前，你不妨反复思考受人敬重的政治家丘吉尔的一句金玉良言："站起来发言需要勇气，而坐下来倾听，需要的也是勇气。"

改善倾听的技术，是沟通成功的出发点。

倾听是一种艺术、一种心智和一种情绪的技巧，我们了解他人，甚至不需出声即可达到沟通目的。

听可以说是除了呼吸之外，我们最常做的事。然而，真正懂得倾听的人不及25%。而且，对我们真正关心的事，我们不是忘了，就是扭曲、误解了。

要有效倾听，你必须专心听并筛选重点，能明白其含义，便于你对它进行评价，然后适当回应。

（1）不要以自我为中心。

自己是妨碍自己成为有效倾听者的最大障碍。因为你会不自觉地被自己的想法缠住，而漏失别人透露的语言和非语言信息。在良好的沟通要素中，话语占7%，音调占38%，而55%则完全是非言语的信号。

（2）选择性注意。

有效的倾听，不是被动、照单全收，它应该是积极主动地倾听。如此你会更了解谈话内容，更懂得欣赏对方，回答也更能切中要点。

（3）负责任。

负责任的态度能增加你与他人对话成功的机会。参加任何会议前，都要妥善准备，准时出席，不要随意退席或离席，而且要集中注意力。不要心不在焉，不要坐立不安、抖动或看表。如果你能决定会议的场地，选一个不会被干扰、噪音少的地方。如果是在你的办公室，走出有权威障碍、妨碍沟通的办公桌，站或坐在你谈话对象的身旁。如此，会让对方觉得你真的有诚意听他说话。

（4）不要有预设立场。

如果你一开始就认定对方很无趣，你就会不断从对话中设法验证你的观点，结果你所听到的，都会是无趣的。

抱定高度期望会让对方努力表现出他良好的一面，你只要认真地关注与适当地发问，就可以帮助对方提升他的说话技巧。

多听少说，其目的是从对方的表述中听出言外之意，从而及时改变自己的策略。

一位生意兴隆的房地产经纪人认为，他成功的原因在于不但能细心聆听顾客讲的话，而且能听出没讲出来的话。他讲出一幢房屋的价格时，顾客说：“哪怕琼楼玉宇也没有什么了不起。”可是说的声音有点犹豫，笑容也有点勉强，那经纪人便知道顾客心目中想买的房子和他所能买得起的显然有差距。

“在你决定之前，”经纪人练达地说，“不妨多看几幢房子。”结果皆大欢喜。那主顾买到了他能买得起的房子，生意成交。

即使听自己最喜爱的人说话，也容易只听到表面的含意，而忽略了话中有话。“你钱用光了？这是什么意思？全家的人只晓得拼命花钱！”这番气冲冲的抨击话可能与家庭的开支无关。真正的含意是什么？“我今天的工作已经把我折腾够了，我正想发脾气。”

要是你善解人意，便听得出这番气话中隐藏着委屈和挫折。在较为心平气和时，只要稍微说一两句表示关心的话(“你看上去很疲倦。”“今天很辛苦吧？”)就可帮助一个满腹牢骚的人，以不伤感情的方式消气。

在工作中也经常会碰到类似的情况，如果你不认真倾听，而是急于发表意见，就可能让本来简单的事情变得糟糕起来。

少说话并非不说话，也不是要你有多么深的城府，而是要说该说的话，要把话说到点子上、要害处，这样才能少说错话、少做错事。

第五章
交际简单：交往之时重义不重利

人与人的友情对人生是何等重要！得不到友谊的人将是终身可怜的孤独者。没有友情的社会则只是一片繁华的沙漠。

真正的友情，很少被本能的欲望与利害的权衡所驱使，因为它是心与心亲密地接触相撞而产生的、语言所不能表达的强烈的共鸣，它是一种摒弃了其他任何目的的纯信赖的感情。朋友当然有许多种，亲密的程度也各不相同；但是，真正的朋友，是能够互相理解、信赖的朋友。这样的朋友我们经常寻求，不过，也没有寻找很多的必要。假如我们能遇到真正的知己，即使只有一两个，那也将是人生巨大的财富，是生活给予我们的不朽的力量与最大的欢乐。

“利”是道义路上的绊脚石

吕坤在《呻吟语》中说：“在遭遇患难的时候，内心却处在安乐；在身处地位贫贱的时候，内心却达到了富贵；在受冤屈而不得伸张的时候，内心却是居于广大宽敞的境界，就自然会无往而不泰然处之了。心底无私，天地自然宽。”

人的一生怎么可能不遇上一点波折，不被别人误解？天下之大，哪能什么利益、好处都被你占了去？不被理解的时候就觉得委屈，得不到好处，就报怨命运的不公平，不思自己是否努力，只是怨天尤人，是什么事情也做不好的。遇到了不公正的对待，要豁达大度，不要以一事一时的不顺利为念，应该看到社会的发展，什么事情都不是一成不变的。

孔子和墨子一个不愿无功受禄，一个不愿卖义获封，他们二位固然都是当时的大贤，有他们不菲的自身价值，但如果他们放弃做人原则，不过一介凡夫而已，又有什么圣贤的价值呢？所以，义不苟取，正是这二位圣贤的价值所在。在他们看来，他们自身的价值，他们的学说，他们的人格精神，其价值远在人主所能赐予的爵禄食邑之上。

在“苛政猛于虎”、百姓不堪重负的元代，元时董文炳在县令任上，敢于为民获罪，设法隐实不报实际户数，使百姓大为减少朝廷所加的赋敛负担；后又拒绝府臣的贪得无厌，以“理终不能剥民求利”的情怀，弃官而去。

董文炳出任县令，逢朝廷开始普查百姓的户数，以便按户数征收税赋，并且下令敢于隐瞒实际户数的，都要处以死刑，没收家财。董文炳看到百姓的税赋太重，要百姓聚居一起，以减少户数，众官吏认为不能这么做，董文炳说："为百姓犯法而获罪，我心甘情愿。"百姓中也有人不太愿意这样做，董文炳说："他们以后会知道我要他们这样做的好处，会感谢我而不会怪罪我的。"由此，赋敛大为减少，百姓都因而很富足。董文炳的声誉波及四周，旁县的人有诉讼不能得到公正判决的，都来请董文炳裁决。董文炳曾到大府去述职，旁县的人纷纷聚拢来看他，有人说："我多次听说董县令，无缘一见。今看到董县令也是人，为何明断如神呢？"当时的府臣贪得无厌，向董文炳索取钱物，董文炳拒不肯给。同时有人向府臣进谗言诋毁董文炳，府臣便欲加以中伤陷害，董文炳说："我到死也不会剥削百姓去得利益。"当即弃官而去。

董文炳不仅"终不能剥百姓求利"，而且处处为百姓谋利，除上述他冒死罪要百姓聚居一起减少户数，以减轻赋税外，他还多次慷慨地为百姓捐私产。《元史·董文炳传》载：当地十分贫穷，加之干旱，蝗虫肆虐，而朝廷的"征敛日暴"，百姓更是难以生存，董文炳自己拿出私粮数千石分给百姓，以使百姓的困境有所宽解。又因为前一任县令"军兴乏用，称贷于人"，而贷家索取利息数倍，县府没办法还贷，欲将百姓的蚕丝和粮食拿来偿还。这时，董文炳站出来说："百姓实在太困苦了，我现在为当任县令，义不忍视百姓再遭搜刮，由我来代偿吧！"于是将自己的"田、庐若干亩，计值与贷家"，同时"复籍县间田以民为业，使耕之"，使得流离失所的百姓逐渐回来安居乐业，数年间便达到"民食以足"。

只要是对百姓有利的事，都勇于去做，即使是违犯了朝廷的法令也不在乎，不怕丢官，甚至不怕丢命，"为民获罪，吾所甘心"，贪婪的府臣索贿不成，欲借机加以陷害，董文炳弃官而去，其理由则是至死也不愿为个人的前程去剥夺百姓，满足那些高踞头上的贪官污吏难填的欲壑。董文炳勇于舍弃前程，董文炳捐赠自己的私粮，不忍心取百姓的衣食还前任县令的借贷，将自己的田地、房舍抵贷，都是为苍生百姓着想。不谋私利，不领钱财。为民请命，体察民情，在世俗亢吏的眼中董文炳没有"为官一任，富己一人”，是大大的糊涂，但百姓没有忘记这样的糊涂人。

后被重用的董文炳，在领兵进入福建后，《元史·董文炳传》记载道：“文炳进步所过，禁士马无敢履践田麦，曰：‘在仓者，吾既食之；在野者，汝又践之，新邑之民，何以续命。’是以南人感之，不忍以兵相向。”后来，“闽人感文炳德最深，高而祀之。”不仅百姓不忘记这样的良吏，历史也同样不会忘记。

“君子爱财，取之有道”“无功不受禄”，是人们对钱财应有的态度。见钱眼开，唯利是图，无利不起早，看似精明过人，实则这种人第一不可能发大财，第二财运不可能长久，因为他不懂得，世界上有比金钱更重要的东西。

子贡是孔子出类拔萃的学生之一，他在随孔子周游列国期间，观察孔子待人接物的言行特点，概括出五项道德情操——温、良、恭、俭、让，简而言之就是“五德”。西方学者阿德勤在《经典名著中的伟大观念》一书中，指出在西方被讨论最多的观念是上帝、知识、人、国家、爱。中国古代典籍中，讨论最多的大概是仁、道、人、天命、心性，而仁和仁所统摄下的义、信、忠、恕、智、勇等观念，尤为活跃。这些观念和范畴有的陈旧过时了，有的需要辩证地扬弃，但大多数仍然放射着智慧的火花和真理的光辉。

人，总不能赤条条地来到这世界上，又赤条条地回去。生老病死，人生难免。司马迁尝言：“人固有一死，或重于泰山，或轻于鸿毛。”这一千古名言，是对我国传统理论思想的生死观的高度概括。它激励了无数仁人志士为社会“舍生取义”“视死如归”。人的一生不能庸庸碌碌，无所作为。为了国家的利益，民族的振兴，人民的幸福，推动历史前进而献身，就是大仁大义，流芳百世，重于泰山；为剥削阶级和一己私利逆历史的潮流而动而死，就会遗臭万年，轻于鸿毛。

常言道：人到七十古来稀。人生不过百岁，就应该做个好人，存着好心，多行善积德。有什么利益可以超过百岁，能带到棺材里去呢？有的人为了蝇头小利，于最起码的仁义道德都不顾，丧尽天良，为所欲为，被世人痛骂。一个重视道义的人，能把千辆兵马的大国拱手让人，而一个贪得无厌的人连一分钱也要争个你死我活。为了谋求天下人的幸福，牺牲自己的利益，这种人永远活在人民的心中。所以，“谋事公道，人我不二”的糊涂之人，他们舍弃一己私利，成全公义，最终为天下人尊敬、爱戴。

生活因友情而精彩

“不行春风，难得春雨”，生命的绿是需要友善的情感去沐浴的。

友爱，不光只对朋友，把友爱善意撒向他人，随一份友谊的情缘，同样也会收获一片明媚的春光，人间因此更美好，人情因此更美丽。反之，相互仇视就像为了一只耗子而不惜烧毁自己的房子，弄得两败俱伤。“人”字是相互支撑的结构，请让我们伸出援手，因为我们彼此都需要对方。

一份纯洁无瑕的生死情谊面前，人们为自己的庸俗而汗颜。友爱会给予挣扎在死亡边缘的人注入强大的精神力量，陪伴友爱同行，心理有了寄托，以此对抗死神绰绰有余。危难中的友爱更见真情。纯洁真挚的友情将永远与我们相伴。若问上天堂和下地狱有何区别，人们根据自己的设想会有各种各样不同的回答，其实最主要的是友爱之心，天堂有，而地狱无！

我们常常吝啬于向别人施以援手，殊不知，拉人一把其实就是在帮我们自己。生活是实实在在的一点一滴的积累，友善地伸出你那只援手，给予困顿的人一些力所能及的帮助，那么，当你渴望友爱的时候，他人也不会忘记你。实际上，社会的福利机构正是政府在人与人相互友爱的基础上建立起来的。

东汉时期，有一位名叫荀巨伯的人，一日得急信，说一位朋友得了重病。朋友远在千里之外，荀巨伯去看他时，赶了好几天的路程。可是到了朋友所住的郡地时，却发现这里被胡人包围了。他只得潜入城里去看望朋友。朋友看到荀巨伯时非常高兴，但又忧虑地说："谢谢你在这个时候还来看望我。现在城已被胡人包围，看样子是守不住了。我是一个快死的人，城破不破，对我来说是无所谓了，可你没有必要留在这里，趁现在能想办法，你赶快走吧！"

荀巨伯听后责备朋友说："你这是说的什么话！朋友有福同享，有难同当，现在大难临头，你却要我扔下你不管，自己去逃命，我怎么能做这样不仁不义的事情呢？"

胡人攻破城后，闯进朋友的院落，见到安坐的荀巨伯，大发威风说："我们大军所到之处，所向披靡，你是何人，竟敢不望风而逃，难道想阻挡大军不成？"

荀巨伯说："你们误会了，我并不是这城里的人，到这里只是来看望一个住在这里的朋友。现在我的朋友病得很严重，危在旦夕，我不能因为你们来，就丢下朋友不管。你们如果要杀的话，就杀我吧！不要杀死我这位已痛苦不堪，无法自救的朋友。"胡人听了这样的话非常惊奇，半晌无语。竟因此而收兵，一郡得以保全。

且不说荀巨伯对待朋友的义气感化了胡人，保全了朋友的安危，单就荀巨伯对待朋友的真诚本身而言，足以令人感动了。像这样以真诚的言行对待朋友，天下还有谁不愿意与其结交呢？

朋友往来不可只重视饮宴谈笑的交际应酬，应重视道义之交，即有患难相助的侠义精神，锄强扶弱不为暴力所屈，进而做到心心相印。假如交友本着互相利用的态度，那就违背了交友之道。

侠义交友，在武侠小说里已发挥得淋漓尽致。为朋友两肋插刀，甚至舍掉性命的事情屡见不鲜。

著名作家古龙笔下的楚留香就是其中之一，他与至友胡铁花的交情唯天可表，无论哪个有难，另外一个绝不袖手旁观，不管是龙潭虎穴还是阴谋诡计，为了朋友就大义凛然地去施救，绝不会皱一下眉头。当然，这是在武侠小说中，是对现实生活中的朋友义气的一种夸大，但也绝不是捕风捉影。侠义交友讲究一个“义”字，义与利是针锋相对的，义是人与人之间的一种交际准则，孟子的“义”，是良心的意思，而侠义却是用于规范和制约自己。一个人做了坏事，如果未受良心谴责，又不能良心发现，别人就有理由制裁他，制裁的行为，称之为“义举”，动机就是义气。所以，这种“义”，与利是绝缘的。

“义气”其实是个很含糊的概念，有时讲的是正义，有时讲的是情义。而朋友之间的义气之义，属后者。朋友之间，为了情义，就会可能弃正义于不顾。宋江和官府作对，梁山好汉们都拥戴他，自不在话下，因为这时的情义与正义是相一致的。后来，他一门心思实施他的招安纲领时，正义就与情义发生了矛盾。这时，是跟着正义走，还是跟着情义走，对这帮好兄弟而言就成了一个问题。其结果，是正义被情义压倒，一伙人跟着宋江去招安，甚至，最具侠义肝胆的几千弟兄，像李逵、吴用还为此断了命。这是义气的悲剧，所以侠义讲三分足够。

“朋友”在中国传统中是两弯相映的明月组合，讲究一个肝胆相照，义字当先。生活也正是因为有了这种友谊，才变得格外的芳香和滋润。

人世中若没有朋友，就像生活中没有阳光一样

人与人的友情对人生是何等重要。得不到友谊的人将是终身可怜的孤独者。没有友情的社会则只是一片繁华的沙漠。

英国大哲学家培根是这样评价友情的：友谊对人生是不可缺少的。如果没有友情，生活就不会有悦耳的和音，在没有友谊和仁爱的人群中生活，那种苦闷正犹如一句古代拉丁谚语所说："一座城市如同一片旷野。"人们的面目淡如一张图案，人们的语言则不过是一片噪音。

当你遭遇挫折而感到愤懑抑郁的时候，向知心挚友的一席倾诉可以使你得到疏导，否则这种积郁会使人致病。只有对于朋友，你才可以尽情倾诉你的忧愁与欢乐，恐惧与希望，猜疑与烦恼。总之，那沉重地压在你心头的一切，通过友谊的肩头而被分担了。

友谊对于人除了有以上所说这些益处外，还有许多其他方面的益处，多得如同一个石榴上的果仁，难以一一细数。如果一定要说的话，那么只能这样来说：只要你想想一个人一生中有多少事务是不能靠自己去做的，就可以知道友谊有多少种益处了。因此古人说：知己就是人的第二个"我"。

人生是有限的。有多少事情来不及做完就死去了。但如果有一位知心的挚友，人就可以安心瞑目，因为他将能承担你未做完的事业。因此一个好朋友实际上可以使你获得又一次生命。人生中又有多少事，是一个人

由自己出面所不便去办的？人的自尊心又使人在许多情况下无法低首去恳求别人。但是如果有一个可靠而忠实的朋友，这些事就都可以很妥当地办到。

由此可见，友谊对人生是何等重要！它的好处简直是无穷无尽的。总而言之，当一个人面临危难的时候，如果他平生没有任何可信托的朋友，那么他只能自认倒霉了。

友情于人生至关重要，但不可滥用，也不可过分依赖。因它毕竟是助飞的螺旋，你的主机毁损失衡，外力将爱莫能助，甚至会殃及助力。因此，当自立自强，将友情潜置于生命意义之中，与友人彼此倾慕，相互欣赏最佳。

真正的朋友，在许多情况下，是年轻时候的朋友，是20岁左右，即所谓青年时代的朋友。成年以后，特别是30岁刚过，心心相印的朋友就不太容易寻找到了。人们生活中需要获得能够给予安慰与鼓励的知音，需要获得不会随时间推移而变迁的美好纯洁的友情，这往往在青年时代实现。因为在青年时代，人们能够用各自的真诚、坦率面对人生，也能够真诚坦率地正视自己，在大多数情况下，心与心可以热烈融合。换句话讲，在青年时代，用斤斤计较的、功利的观点与人交际，比成年人要少得多。

在友情中，相互信赖是首要条件，这种信赖当然伴随着对对方的尊重。接触对你信赖的人，就可以发现自己所没有的长处，从对方那里得到激励与鞭策；反之，把自己的信赖寄予朋友，这也胜过任何鼓励与安慰。这样，当生活对你产生误解时，你知道：你的朋友能够理解你。那么，还有什么比友谊更加珍贵的呢？

聪明的人只要能掌握自己，
便什么也不会失去

一个人，无论做什么事情，都要受道德和法律的约束。就是在日常生活中，也要懂得约束自己的言行。常言道："人是感情的动物。"其实还应当补充一条："人是理智的动物。"一言一行，都该是理性的，理智的。一个人听任感情发泄，那会有什么结果呢？任凭情感的潮流激荡、冲动、涌撞，不用意志的堤坝加以控制，潮流便泛滥开来，悲剧就此发生。自觉地控制自己的情感意外发作的能力，就叫自制力。它是意志品质，从而亦即心理素质的组成部分。培养自己的自制能力，对于刚踏上社会人生的青年人，特别重要。因为青年人最少保守，却易冲动；最少因袭的重负，却易想入非非。为此，便需引导他们学会自制。高度的自制力，可以克制任何有悖理智的冲动，战胜一切阻碍自己向健康目标前进的恐惧、动摇、怠惰、贪欲等情感。

岳飞喜欢饮酒，高宗对他说："今国难当头，你不可嗜酒啊！"岳飞从此把酒戒了，并终身不饮。岳飞的自制力好，所以他能大小数百战，攻无不胜，战无不取。吴王夫差战胜不了自己的欲望，所以被人用美女和财宝打败了。越王勾践战胜了自己的欲望，记住自己的耻辱，为了尊严，他最终夺回了自己的江山，还消灭了吴国。

美国教育家威廉·赫金博士曾说："人性有欲使自己同化于所全力注意之目的物的倾向。"我们只要仔细地想想，这话确实意义深长。他的

意思是说：如果我们经常去想一些低劣的事情，注视丑恶的事物，或隐溺在恶劣大环境中，不知不觉间，我们也会受到它们的感染。俗话说得好：“近朱者赤，近墨者黑。”有些人一开始是基于好奇的心理去接近罪恶，然而，一旦与之接触，就往往不知不觉中受罪恶的诱惑，而掉入罪恶的深渊，不能自拔。

朋友交往也是如此，一味地接近恶友，与恶友交往，自己也会受到恶的感染，而无法自拔。也许我们可以说，借我们的力量去感化恶友，但是，除非我们自己有足够的定力，否则切忌作此幻想。相反的，多多接近善的人或事物，不知不觉中人也会受其感化而变善。

当然，人并不能清清楚楚被区分为善人或恶人，每一个人都有优于我或劣于我的地方。我们应该吸取朋友身上有利于提升人格的优点，并与之共勉，共享人生的喜悦。

这个世界诱惑实在太多，你能在关键时刻管得住自己那你就胜利了。失败的人居多，是因为真正能掌控自己的人实在太少。其实胜利很简单，无非需要点思想，需要点意志力，需要点时间。

真正的朋友会使你的生命丰富多彩

一个有智慧的人，会先选择交往的对象，其后视情况决定交往的程度。有的朋友在特定时空中如鱼得水，换个环境则船过水无痕。唯有知音，历经岁月沧桑而更加灿烂，双方的付出却是先决条件。

好朋友里面，一定要培养出一个知己，不要以为你有多么八面玲珑，到处是朋友。

林肯曾说过一句话："从某种意义上说，你选择了什么样的朋友，便选择了什么样的人生。"

三国时蜀主刘备就是一个十分善于选择朋友的人。如果当初没有他在桃园与关羽、张飞结为兄弟，又在隆中三顾茅庐选择卧龙诸葛亮，就很难三分天下，建立蜀汉帝业。

一个人选择什么样的朋友，对自己的思想、品德、情操、学识都有很大的影响。俗话说："近朱者赤，近墨者黑""近贤则聪，近愚则聩"。古人很重视对朋友的选择。孔子曰："君子慎取友也。"品德高尚的人，历来受人推崇，也是人们愿意结交的对象。而品德低劣的人，却常常被人所鄙视，当然也不排除"臭味相投"的"酒肉朋友"。

实际上，每个人不管自觉或不自觉，他们交朋友总是有所选择的，总是有自己的标准的。明代学者苏竣把朋友分为"畏友、密友、昵友、贼友”四类，如此划分便可明白；畏友、密友可以知心、交心，互相帮助并患难与共，是值得深交的；那些互相吹捧、酒肉不分的昵友，口是心非，当面一套、背后一套，有利则来、无利则去，还有可能乘人之危损人利己的贼友，那是无论如何也不能结交的。

法国科学家法拉第说：“如果你想了解你的朋友，可以通过一个与他交往的人去了解他。因为一个饮食有节制的人自然不会和一个酒鬼混在一起；一个举止优雅的人不会和一个粗鲁野蛮的人交往；一个洁身自好的人不会和一个荒淫放荡的人做朋友。和一个堕落的人交往，表示自身品位极低，有邪恶倾向，并且必然会把自身的品格导向堕落。”一句西班牙谚语说：“和豺狼生活在一起，你也能学会嗥叫。”

即使是和普通的、自私的个人交往，也可能是危害极大的，可能会让人感到生活单调、乏味，形成保守、自私的性格，不利于勇敢、刚毅、心胸开阔的品格形成；甚至很快就会变得心胸狭隘，目光短浅，原则性丧失，遇事优柔寡断，安于现状，不思进取。这种精神状况对于想有所作为或真正优秀的人来说是致命的。

与那些比自己聪明、优秀和经验丰富的人交往，我们或多或少会受到感染和鼓舞，增加生活阅历。我们可以根据他们的生活状况改进自己的生活状况，成为他们智慧的伴侣。

与优秀的人交往，就会从中汲取营养，使自己得到长足的发展；与品格高尚的人生活在一起，你会感到自己也在其中得到了升华，自己的心灵也被他们照亮。

印度传教士马丁的生活，似乎完全是受了一个初中学习时的朋友的影响。

马丁是一个相当愚笨的学生，但他父亲还是决定让他接受大学教育。在剑桥大学里，马丁认识了在初中的一位伙伴。

从此以后，这位稍长的学生成了马丁的指导教师。马丁能够应付自己的学业，但是仍然容易激动，脾气暴躁，偶尔会发泄自己难以抑制的愤怒。他这位年纪稍大的朋友却情绪稳定，富于耐心。他时时刻刻照顾、指导和劝勉自己这位易怒的同学，他不允许马丁结交邪恶的朋友，劝马丁认真学习。这不是要得到别人的称赞，而是为了上帝的荣耀。这位朋友的帮助使马丁在学习上进步很快，在第二年圣诞节的考试中他名列年级第一名。

后来，马丁成了一位印度传教士，给了很多人以无私的帮助。

如果马克思没有选择恩格斯这位真诚的朋友，他恐怕就不会在社会科学领域里建立起他的理论学说，也就不会有伟大的著作《资本论》。

所以，和那些优秀的人接触，你会受到良好的影响。

朋友之间的行为总是互相影响。令人奇怪的是，善行总是产生无数的善行。就像一块石头投入水中，会产生波纹，而这些波纹又会产生更大的波纹，如此连绵不断，直至最后一道波纹抵达岸堤。

俗话说："物以类聚，人以群分。"志同道合，情趣相投，是择友的一个标准。志向不同，情趣有别，友谊不可能长久的，早晚分道扬镳。"管宁割席"的典故就是个典型例子，管宁热衷于读书做学问，而华歆则热衷于官场名利，两人缺乏做朋友的共同思想基础，割席而坐是必然的。

孔子说："与善人居，如入芝兰之室，久而不闻其香，即与之化矣。与不善人居，如入鲍鱼之肆，久而不闻其臭，亦与之化矣。"墨子有更形象的比喻，他把择友比作染丝，"染于苍则苍，染于黄则黄，所入者变，其色亦变。故染不可不慎也。"与高尚的人在一起，你也会感染上他的气质。

"朋友多了路好走"，朋友多——好朋友越多，我们受益越多。学无止境，学问再大的人也有不懂的东西。与其出泥而不染，何不从一开始就择其善者而从之？孔子说："三人行，必有我师焉。"圣人尚且如此，我们在结交朋友时，也应尽量选择有学识的人。

当然，水至清则无鱼，人至清则无徒。对朋友也不能求全责备，自己本来就是不完美的，而朋友又是双向的，如果人人都要求结交比自己有学问的人为友，那么到头来只能是谁也没有朋友。正所谓"尺有所短，寸有所长"，朋友相交贵在有所补益，有所予有所取才是"交往"。

古人的择友之道，我们可以借鉴，但不能照抄照搬，也不要为其所拘束，对友人过于苛刻。择友的标准各有不同，也应该从个人实际出发，慎重选择，朋友可多交，不可滥交。

朋友比金钱贵重

我们必须懂得多个朋友多条路的道理。每个人的进步，都要借助于各方面的社会关系。仅靠个人的聪明才智和勤勉努力，很难得到社会的承认或实现个人的愿望。

战国时，中山国的君王有一次设宴款待都邑的士大夫，司马子期也在被邀之列。席上，中山君把羊肉羹分给各位士大夫，却没有分给司马子期。

司马子期心里很不高兴。于是，跑到楚国，怂恿楚王攻打中山国。楚王受其蛊惑，带兵向中山国猛击。

不久，中山国就被打败了。中山君仓皇逃命，后面只有两个人拿着长矛紧紧护卫他。他有点奇怪，就回头问那两个人："别人都逃跑了，为什么你们还乐意跟着我？"

那两个人回答："大王，以前在我们的父亲即将饿死的时候，你曾经赐给他食物。家父临终前就要求我们，如果中山君遇上灾难，我们必须以死报答大王的恩德。我们遵从家父的教导，誓死也要保护您。"

中山君听了，仰天叹息道："给予不在于多少，在于别人是否正处于困厄之境；施怨不在于深浅，在于是否曾经伤了别人的心。"对中山君来说，此时此地，这两个朋友比多少钱都重要。

从这个故事里，我们可以受到三点启发：第一，朋友多了路好走，冤家多了路难行，人在世上要少结冤仇多交友；第二，与别人交亲还是结怨有时并非因为某些大事，而是小节方面的问题；第三，处理人际关系时，待人接物必须因人而异，并把握好最恰当的时机。

一只鹦鹉与一只乌鸦被关在一个鸟笼里。鹦鹉觉得自己很委屈，竟和这么一个又黑又丑、表情呆板的怪物待在一起。假如谁在早晨看它一眼，这一天都会倒霉的，再没有比和它在一起更令人讨厌的了。

同样奇怪的是，乌鸦也在抱怨自己时运不济，竟和这么一只令人难受的花毛家伙待在一起，乌鸦感到伤心和压抑。“我的运气为什么如此糟糕？要能和其他乌鸦一起坐在花园的墙头上，享受我们已有的一切，该有多快活啊！”

像乌鸦和鹦鹉这样的生灵可以说都是悲剧性的，本应同甘共苦，同舟共济，但它们却偏偏做不到这一点，却总是看着对方的丑陋而生气。

“举世皆浊我独清”，那是一个人看待事物的观点。一个人可以“独清”，但是人类作为群居动物，却不可没有朋友。

历史上的“管鲍之交”是家喻户晓的故事，他们成为后世交友的典范。

对于和鲍叔牙的情谊，管仲曾经说过一段由衷的话：“我原先经济困难，曾与鲍叔牙合伙经商，分财时我多要多占，但鲍叔牙并不认为我贪得无厌，而是认为我贫穷才会这么做；我曾为鲍叔牙谋事，多次失算，但鲍叔牙不认为我愚蠢，而认为我是时势不利；我曾三仕三见逐于君，鲍叔牙不认为我不行，而认为我是生不逢时；我曾三战三逃，鲍叔牙不认为我是胆怯，知道我是思念家中的老母亲；公子纠失败，我囚禁受辱，鲍叔牙不以我为耻，知道我不羞小节而耻功名不显于天下。真是生我者父母，知我者鲍子也。”

由此可见，这种深厚情谊的产生，在于鲍叔牙屡屡对管仲宽宏大度、不计小过、理解同情、帮助的结果。

管仲对此也投桃报李，与鲍叔牙成为莫逆之交。否则的话，如果鲍叔牙对管仲斤斤计较，不欣赏他的才能，或“以血还血，以牙还牙”，那么他们早就绝交了。

“水至清则无鱼，人至察则无徒”，你能做到包容那些有缺点的人，你的心态就会更加开放，心胸会变得更广更大，也会交到更多的朋友，从而给自己营造一个更加有利的社会环境。

真诚付出才能获得友谊

获得朋友的唯一方法是先学会做对方的朋友。要知道，友谊不是凭空掉下来的，它需要培养浇灌才会不断成长。朋友靠友情浇灌，当他静默时，你的心仍要倾听他的心，友谊无需过多言语，所有的思想、愿望、希冀皆在无声的交流中发生，并在朋友间共享友爱、忠诚、信义……

把纯洁的友情看成是金钱附庸的人，生活中可以说是比比皆是，他们对权势钱财看得特别重，谁有权有势就巴结逢迎，以求利用，谁有钱有势便趋之若鹜，这种人不问是非曲直，吃吃喝喝就能混在一起，打着“朋友”的旗号，追求实利，这种“合作”带有明显的铜臭味。

这种势利的朋友比较容易得到合作者，但也容易失去合作者，容易结交也容易散伙。因为这种友谊是建立在权势钱财和杯盘烟酒之上的，非常的自私和虚伪，带有极大的欺骗性和危害性，这种“友谊”是长久不了的。

生活中，我们会遇到这样的情况，当自己取得了一定的成绩、有了荣誉之后，就会有人殷勤地表示友好；而当我们遇到挫折和困难时，打电话都找不到人。这种人都是讲求实用主义的，有用就是朋友，这种态度是可鄙的。有的人对那些于自己有用的“朋友”，就千方百计地加以笼络，对暂时用不上而将来有所求的“朋友”，则滑头滑脑，若即若离地维持；对曾经有用，今后不再有用的“朋友”，则置之脑后似乎不曾相识；对那些过去有恩于自己，后来陷于困境需要他帮助的“朋友”，则忘恩负义，有的甚至趁火打劫、落井下石。

这些人缺乏做人最基本的道德。关于做朋友的道德标准，古希腊政治家伯利克里说过：“我们结交朋友的方法是给他人以好处，而不是从别人那里得到好处。”

势利之人之所以热情地与一个人交往，看重的是这个人手中的权力、财富、美色，而一旦要是你失势破财、人老珠黄，他就会消失得无影无踪。与这种人实无友情可谈。居里夫人说过这样一句名言：“一个人不应该与被财富毁了的人来往。”这是提醒我们不要交酒肉朋友、势利朋友，不要与势利之徒搞在一起，结成所谓的合作者。因为与这样的人交往你是无法获得真正的友谊的。

酒肉之交不是朋友，患难才见真情。交友要有分寸，择友要讲究缘分。交友重在相互帮助，相互提高，共同面对人生的磨难，而交友不慎会留下终生遗憾。

在这个世界上，人人都承认在人生中最为珍贵的就是友情。人们需要友谊，赞扬友谊。友谊是在不知不觉中就走进生活里来的，因此，生活中是不能没有友谊的。人性惧怕孤独，每个人都需要扶助，而亲爱的朋友便是能给你最好扶助的人。珍惜你所拥有的真挚的友谊与真正的爱情，它能使你变得高尚，使生命变得更加充实。一切身外之物都不难得，难得的是一颗相通的心。

要使友谊之树深深扎根，根深叶茂，需要付出真诚。用真诚相待，才能换来真诚朋友。如果把友谊仅仅局限于两三个人的小圈子里，而不愿与更多的人交往，不仅可能使自己失去与更多的人互相学习、互相交流的机会，而且使自己的视野狭窄，生活内容单调。因此，应该与更多的人交往。

感情也需要投资

如果我们想交到朋友，那就要先学会付出，先为别人做一些事情——那些需要花时间、精力、体贴、爱心才能做到的事，不要等到需要帮忙时才想到朋友，这就是“感情投资”。

现代人生活由于忙忙碌碌，没有很多时间去应酬，天长地久，许多原本牢靠的关系，就会变得松懈，朋友之间逐渐互相淡漠。这是很可惜的。

“敢问情为何物，直叫生死相许”，作为一个普通人都难逃脱一个“情”字。尽管当今社会流行一句话：“认钱不认人。”但是“人情生意”从未间断过。人既然能够为情而死，那么为情而做生意，又有什么不可？想想也是人之常情。

所以，营造关系网，也需“感情投资”。

让我们以做生意为例，所谓“感情投资”，说简单点，就是在生意之外多一层相知和沟通，能够在人情世故上多一分关心、多一分相助。即使遇到不顺当的情况，也能够相互体谅，“买卖不成仁义在”。

很多人都有忽视“感情投资”的问题，一旦关系好了，就不再觉得自己有责任去保护它了，特别是在一些细节问题上，例如该通报的信息不通报，该解释的情况不解释，总认为“反正我们关系好，解释不解释无所谓”，结果日积月累，形成难以化解的问题。

更糟糕的是，建立良好的人际关系亲密之后，一方总是对另一方要求越来越高，总以为别人对自己好是应该的；对方稍有不周或照顾不到，就有怨言。长此以往，很容易形成恶性循环，最后损害双方的关系。

可见，“感情投资”应该是经常性的，不可似有似无。从生意场到日常交往，都应该处处留心，善待每一位关系伙伴，从小处、细处着想，时时落在实处。

不会社交的人寸步难行

交往，是人生在世最重要的生存方式。不会交往的人，从某种意义上讲，不是一个成熟的人。交往，既可改变命运，又能提高生存的质量。

所谓人际关系，就是感情和关系网络。建立良好的人际关系是创造财富的有效方法。全世界最成功的人都是人际关系较好的人。多个朋友多条路，再顶天立地的英雄，离开别人的帮助也将一事无成。波斯文学家萨迪曾说："蚊子如果一齐冲锋，大象也会被征服。"想要拓展人生，就必须精心编织一张属于自己的社会关系网。

拓展人际关系，应从培养社交型性格入手。社交型性格的特点是活泼、外向、热情、爽快、喜欢交际、富有爱心。拥有这样的性格，你会人缘旺盛，事业亨通。

学会社交就是学会生存。人在世间，不可能不与人交往。卡耐基认为，只有想办法去认识更多的人，并使这些人都成为自己的朋友，才是人生真正的应酬策略。

人生一场，既是索取，又是给予。除了责任与义务意义上的索取与给予外，还有功利意义上的索取与给予。要实现这种索取与给予，交往便是载体和媒介。交往，就是交而往之，既包括朋友之间的交际，也包括世俗层面的礼尚往来。朋友之间的交际，其基础是真诚守信，而礼尚往来的规则则是富于人情味和世俗性。因此，交往，是不可远离世俗的，应以平常的心态、凡人的心性去结识陌生人。要知道，朋友首先是陌生人，然后才变成朋友。

交往型性格，愈见其长处，封闭就意味着孤陋寡闻。只有敞开心胸，广交朋友，天下的路才能任你自由行走。所谓财源滚滚，必须浚渠畅通。否则，闭塞间隔，财如无源，何以滚滚？

没有朋友难成大事，有多少功成名就的人物，当初假若不是朋友的鼓励帮助而使得他们牢牢地坚守自己的阵地，恐怕早已在事业生涯中的某些危急时刻放弃，甚至会偃旗息鼓了。假如人生没有朋友，生命将是一片荒芜贫瘠的沙漠。

朋友是你的依靠，也是你人生的资本。失去朋友，你就会陷于无助的境地，会深感恐慌。

社交是一种艺术，与自己喜欢的人交往，往往是一种冲动和向往。社交的艺术更主要体现在与自己不喜欢的人交往；假如有必要，还应交得很深。

怎样与不喜欢的人交往呢？首先，要对其进行品质的鉴定，看看他身上你所不喜欢的东西是不是本质问题，然后要避其要害，择善而从；其次，就是要以大局为重，心中坚持“目的论”的原则，有意忽略那些没必要的枝节问题；再次，就是要能够学会影响朋友，假如你的人格高尚，你就用高尚的人格影响他。能够让一个人改变庸俗、惰性，是一项伟大的事业。还要懂得接受朋友的影响，假如你发现，你的“不喜欢”是因为自己的个性使然，你就应尝试放弃这个个性，去适应朋友的个性。

此外，社交还有许多技术层面的学问。如履行必要的过程，不能忽略交往中的细节，充分发挥电话、贺卡等媒介的沟通作用等。

社交需要投入，必须投入的时候，千万不能小气；没必要“埋单”时，也不能大大咧咧，那样反被他人瞧不起。

与朋友交往也是一门艺术

与朋友平等相处，有往有来，互相帮助是必要的，但是，要摆脱对朋友的依赖，也不要事事替朋友操心，拿主意。

朋友是人生的宝贵财富，要想与朋友保持良好的交情就必须掌握一定的交友艺术。

黛博拉坐在客厅里，紧握着拳头气愤地说："我永远也改不了，我一错再错。"黛博拉所指的是她一次又一次地听从她的朋友嘉莉劝她做这做那。这一回，她听了嘉莉的意见，把她的厨房糊上一层最新式的红白条墙纸。"我们一块去商店选中了这种墙纸，因为嘉莉喜欢这一种，说这墙纸能使整个房间活跃起来。我听了她的话。而现在，是我在这个蜡烛条式的牢房里做饭。我讨厌它！我怎么也不习惯。"她感到，这一折腾既花了钱，又一时无法改变。

黛博拉意识到自己不仅是对选墙纸一事愤怒，而且气愤自己又受了嘉莉意志的摆布。同样也是嘉莉，说黛博拉的儿子太胖了，劝她叫儿子节食。她还说她的房子太小，使她为此又花了一笔钱。

黛博拉问题的关键在于学会尊重自己的意见。过去她的意见总要事先受嘉莉的审查或者某个类似嘉莉的人物的审查。后来她有了进步，尽管嘉莉说那双鞋的跟"太高，价也太贵"，她还是买了那双高跟鞋。黛博拉回忆说："我差点又让她说服了。但我还是买了，因为我喜欢，您可以想像当时嘉莉的脸色多难看！”最有趣的是，最后嘉莉自己也买了一双同样的鞋，因为鞋样很时髦。

黛博拉现在所做的调整只是与另一个女人的关系的界限。她仍然把嘉莉当作好朋友。并不是每个人都有类似的朋友，在特殊情况下，有的人愿意受朋友的控制，是因为他缺乏主见，产生了对朋友的依赖，而过分的依赖会让朋友产生反感。

苏珊是位年轻妇女，她愿意让一位朋友摆布她的生活。与黛博拉不同的是，苏珊却是主动要求受控制。当她的垃圾处理装置出毛病后，她给好朋友玛莎打电话，问她怎么办。订阅的杂志期满后，她也去问玛莎是否再继续订阅。有时她不知晚饭该吃什么时，也给玛莎挂电话问她的意见。玛莎一直像个称职的母亲一样，直到有一天出了乱子。那天，玛莎的一个儿子摔了一跤，衣袖划了个口子，需要缝针。苏珊又打电话问问题了，由于非常疲倦，玛莎严厉地说道：“天哪！看在上帝的分上，苏珊，你就不能自己想想办法？就这一次！”说完就挂了电话。

苏珊对玛莎的拒绝感到迷惑不解，她说：“我还以为玛莎是我的朋友呢。”过分地依赖会损害你和朋友的关系，而且是双方的。朋友并非父母，他们没有指导和保护你的义务，他们能给你支持，但不可能包办代替，你必须清楚，他只不过是朋友而已。你自己不能做决定，缺乏主见，就会使你受到朋友正确或错误的意见的影响。为此，你应该立刻决定，摆脱对朋友的依赖。

朋友和你的关系是平等的，互助的，不要把朋友当成你的衣食父母，事事寻求依赖，那样只会让朋友认为你是一个缺乏主见的人，而对你产生反感；也不要事事为朋友操心，将自己的意见强加给对方，两个太相似的人注定不会有太大的吸引力，正是因为有了差异，才有了交往的兴趣。以一种平衡的心态对待自己的朋友，只有这样，你们的友谊才会地久天长。

第六章
财务简单：钱不是万能的，够花就行

追逐财富，期盼发家，这是人之常情。在一个成熟的商业社会里，个人对创造积累财富的努力，也是有益于社会发展进步的。利益是个好东西，谁不喜欢利益呢？“天下熙熙，皆为利来；天下攘攘，皆为利往”。求财可以，但要始终遵循一个原则。面对财富的诱惑，不能动摇，不能利欲熏心。唯利是图必定会招来怨恨。

在生活中，我们常常会看到一些为了钱而斤斤计较、悲喜不定的人，有许多人是为钱而活的。对他们来说，钱挣得越多，他就越快乐，钱已经成为他生活的动力以及向别人炫耀的资本。但是他们的快乐是建立在自己的财路一帆风顺的基础上，因为他们对钱很在意，一点点利益的损失都会让他们懊悔不已。所以曾经成为他们生活动力的钱，也可能会变成摧毁他们精神防线的洪水猛兽。至于炫耀，他的炫耀是给那些和他有一样生活方式的人看的。他有钱时自然是万众瞩目的焦点，但一旦失势，不仅曾经艳羡过他的人会在背后冷笑，连他自己也觉得没了钱就没了一切，生活仿佛从天堂掉到了地狱。

自以为拥有财富的人，其实是被财富所控制

金钱是一种力量，但更有力量的是有关理财的技能，是控制金钱的能量。钱来了又去，但如果你了解钱是如何运转的，你就有了驾驭它的力量。

有句老话：没钱是不行的，但钱不是万能的。有些东西是金钱买不到的，比如感情，比如尊严，比如自由。金钱是创造美好幸福生活的工具。记住！只有你真正地理解了关于金钱的正确观念，你才会积极地以一颗平常心去赚钱，并合理地支配。我们看到过年收入两万的人感叹钱用不完，也见到过年收入百万的人说钱不够用！你说钱用不完的人富有还是钱不够用的人富有？谁在生活中感觉更为宁静和安详？这完全看你怎样选择？

正如孔子所说："饱暖思淫欲。"一个人吃饱了喝足了无事可做，常常会产生非分之想，使思想偏离正常行为轨道，做出危害他人、社会的事情。但我们并不能因为这些原因就将富贵一棍子打死。如果拥有金钱的人能够正确地对待他的财富，那我们就不该简单否定富贵。因为金钱不仅给人们带来了安逸的生活，也能满足人们生活中的各种需要。如果各族人民共同富裕，不是能给中华民族自立于世界民族之林提供重要根基吗？这样的"富贵"有什么不好？金钱并非万能的，没有钱又万万不能，富贵是好是坏，不由富贵本身决定，而由人决定。

有人说金钱是万恶之源，就是它葬送了幸福。当然如果沦为金钱的奴隶，人的贪欲会一天天增加，而理智和清醒会一天天减少。有钱是好事，但是一定不要成为金钱的奴隶。

据报道，一个来自外地的打工仔为了能够得到500万元的大奖，不惜

把自己辛苦挣来的血汗钱全部用来买彩票。结果一年下来，什么大奖也没中，反倒把辛苦一年挣来的钱赔了个精光，没脸回家，走投无路要自杀。其实，买彩票支援国家建设是好事，但要是指望靠它来发财致富就不应该了。如果这样，人就变成了金钱的奴隶，被金钱的诱惑牵着鼻子走，从而损害了健康，污染了心灵。

永远缺乏幽默，永远只顾赚钱，是洛克菲勒整个事业生涯的写照。即使坐拥百万资产，他却一直担心财富可能随时失去。马克·汉纳评论他说："这是一个为钱疯狂的人。"

洛克菲勒住在俄亥俄州克里夫兰市时，曾向邻居吐露真言，说他希望能被人爱，可是他却是如此寡情与多疑，以致没有几个人真正喜欢他。他经常挂在嘴边的一句话是："闭上嘴，好好干活！"正逢他事业巅峰、财源滚滚的时候，他的个人世界却崩溃了，标准石油公司也一直灾祸不断——与铁路公司的诉讼、对手的打击等等。在宾州油田上，约翰·洛克菲勒是最受憎恨的人。遭他无情打击的对手，没有一个不想把他吊在苹果树下。威胁要他性命的信件如雪片般飞入他的办公室。他雇用保镖防止敌人杀他，他很想忽视这些仇恨。一次，他自我解嘲地说："踢我、诅咒我！你还是拿我没办法！"但是他终究是个凡人，他无法忍受憎恨，也无法承受忧虑。他的健康状况开始恶化，对这个新的"敌人"——由身体内部发出的疾病，他感到极为茫然与迷惑。后来，医生告诉他一个惊人的事实，他或者选择财富与忧虑，或者选择他的生命。他们警告他：再不退休，就死路一条。当全美最著名的女作家艾达·塔贝尔见到他时，真是大吃一惊，她写道："他的脸上饱经忧患，他是我见过的最老的人。"她正着手写一篇讨伐标准石油公司的文章，她没有任何理由同情这位一手建立起这个超级"八爪鱼"的首脑。然而，当看见洛克菲勒在教主日，急切地渴求他人同情的目光时，她说："我心中涌起一种从未有过的感觉，而且那个感觉十分强烈，那就是我为他难过，我了解孤独恐惧的滋味。"他退休了，开始学习打高尔夫球，从事园艺，与邻居聊天、玩牌，甚至唱歌。

这一生他终于不再只想着如何赚钱，而开始思考如何用钱去为人类造

福。总而言之，洛克菲勒开始把他的亿万财富散播出去。后来他更前进一步，他成立了世界性的洛克菲勒基金会——旨在消灭世界的疾病与无知。

这个在53岁时差点丧命、最后却能活到98岁的老人，给了我们很多的启示：人绝对不能成为金钱的奴隶，而一定要成为金钱的主人。一个成为金钱奴隶的人，必然是栽进贪婪的陷阱不能自拔。有贪婪心的人总希望得到的更多，他不知满足，结果命运让他失去一切，贪心只会愚弄自己。众多调查事实表明，几乎80%的民营企业老板承认，权利欲望是他们创业成功的一个重要因素。对他们而言，有了钱就可以做自己想做的事，旅游、受教育、从事公益事业……就能够自主地经营，能够去尝试、去冒险，而不受太多的限制。

在中国当前较为轻松自由的经济条件下，选择自己创业，有一个自己说了算的小天地，能够调动有限的资源而不受他人之气，确实是支撑创业梦想的一个重要组成部分。信念虽然支撑着创业梦想，但要强调的一点是，金钱和权力都是“双刃剑”，它们既可造就一个人的成功，也能毁掉一个人，所以你要学会受用，既懂得用它们来激励自己，又要坦然处之，轻松赚钱！

金钱可以给人带来幸福，但当我们不能正常对待它的时候，它所能给予我们的只能是烦恼。

利奥·罗斯顿是美国最胖的好莱坞影星。1936年，他在英国演出时，因心肌衰竭被送进汤普森急救中心。抢救人员用了最好的药，动用了最先进的设备，仍没挽回他的生命。临终前，罗斯顿绝望地喃喃自语：你的身躯很庞大，但你的生命需要的仅仅是一颗心脏！

罗斯顿的这句话，深深触动了在场的哈登院长，作为胸外科专家，他流下了泪。为了表达对罗斯顿的敬意，同时也为了提醒体重超常的人，他让人把罗斯顿的遗言刻在了医院的大楼上。

1983年，一位叫默尔的美国人也因心肌衰竭住进了这家医院。他是位石油大亨，两伊战争使他在美洲的十家公司陷入危机。为了摆脱困境，他不停地往来于欧亚美之间，最后旧病复发，不得不住进来。他在汤普森医院包了一层楼，增设了五部电话和两部传真机。当时的《泰晤士报》是这样渲染的：汤普森——美洲的石油中心。默尔的心脏手术很成功，他在这儿住了一个月就出院了。不过他没回美国。苏格兰乡下有一栋别墅，是他10年前买下的，他在那儿住了下来。1998年，汤普森医院举行百年庆典，邀请他参加。记者问他为什么卖掉自己的公司，他指了指医院大楼上的那一行金字。后来在默尔的一本传记中发现这么一句话："富裕和肥胖没什么两样，也不过是获得超过自己需要的东西罢了。"

钱在生活中并不是决定一切的。一个真正有价值的梦想本身就具有了使其得以实现的力量。有一中年男子，他的独生子在很小的时候就显现出音乐天赋，曲调一听便能记住，自己还能在钢琴上编歌。夫妻俩为使他能得到最好的教育，竟然驱车60英里送他到临近的一个城市去学习。为此他们付出的代价是：妻子每天晚上去一家图书馆加夜班，丈夫是个教师，课外在家中开课以增加收入。今天，他们的儿子获得了两个音乐学院的奖学金，在几个最好的管弦乐队中演奏过。如果当初他父母给他请个价格低的教师，他就不会有这样的成果了。

为人父母者总希望给孩子留下更多的财富，在他们的心中，"再苦不能苦孩子"，宁愿自己吃苦受累，也要让孩子过得比自己好，因此总希望多留下点钱给孩子。而大多数富家孩子，总是不能抵抗财富的侵蚀，他们中的许多人因此终生碌碌无为。留给孩子一座金山，也总有坐吃山空的一天，而且不利于孩子的正常发展。因此，作为父母，更多的是要培养孩子的各种能力，为今后面对激烈的社会竞争做好准备，而不是将目光停在留给孩子多少存款、多少房产上。

这说明了在某种意义上，金钱是第二位的。用你辛勤的劳动挣来的一点钱，送孩子去野营或给自己买一件心爱之物，也许与自己的低收入不那么相称，但却提高了你生活的情趣和意义。

如此看来，如果成为金钱的奴隶，只能走进不幸的万丈深渊；只有成为金钱的主人，才能快乐地享受幸福的时光。

财富不属于拥有它的人，而属于享受它的人

哲学家说，钱有四种意义：钱是钱，钱是纸，钱是数字，钱是冥钞。但一般人都赋予了钱另外一个意义：钱是万能。

钱浓缩着人所有的希望。人之所以在不断创造、在不断进取，是因为看到了钱和钱负载的力量和利益。有了钱，人就有了倾注爱的对象；若失去钱，人不只孤单，更否定了自己。

其实，金钱是一种工具，是很有用也没有用的资源。从古至今，金钱成就了很多人但也毁了很多人。关键之处在于掌握金钱的人如何对待这个身外之物。

生活是需要平衡的，每一个环节都很重要，不能稍有偏废。如果过分贪婪，把握不住必要的尺度，就很容易受到伤害。有一则寓言阐释了同样的道理：

从前有个特别爱财的国王，一天，他跟神说："请教给我点金术，让我伸手所能摸到的都变成金子，我要使我的王宫到处都金碧辉煌。"

神说："好吧。"

于是第二天，国王刚一起床，他伸手摸到的衣服就变成了金子，他高兴得不得了，然后他吃早餐，伸手摸到的牛奶也变成了金子。摸到的面包也变成了金子，这时他觉得有点不舒服了，因为他吃不成早餐，得饿肚子了。他每天上午都要去王宫里的大花园散步，当他走进花园时，他看到一朵红玫瑰开放得非常娇艳，情不自禁地上前抚摸了一下，玫瑰花立刻也

变成了金子，他感到有点遗憾。这一天里，他只要一伸手，所触摸的任何物品都变成了金子，后来，他越来越恐惧，吓得不敢伸手了。他已经饿了一天了。到了晚上，他最喜欢的小女儿来拜见他，他拼命喊着不让女儿过来，可是天真活泼的女儿仍然像往常一样径直跑到父亲身边伸出双臂来拥抱他，结果女儿变成了一尊金像。

这时国王大哭起来，他再也不想要这个点金术了，他跑到神那里，跟神祈求："神啊，请宽恕我吧，我再也不贪恋金子了，请把我心爱的女儿还给我吧！"

神说："那好吧，你去河里把你的手洗干净。"

国王马上到河边拼命地搓洗双手，然后赶快跑去拥抱女儿，女儿又变回了天真活泼的模样。

汤玛斯·富勒说："满足不在于多加燃料，而在于减少火苗，不在于积累财富，而在于减少欲念。"

再多的金钱也买不来快乐，反而会让你越活越累，何苦如此呢？放弃对金钱的贪念吧，你会因此得到更多的快乐！赚钱是为了享受，而不是为了受奴役，知道如何放松自己，如何休息，才会拥有一个丰硕的人生。

贫而无谄，富而无骄

俗语说：“贫苦能有富裕时，富足亦有贫穷日。”贫与富都是一种人生体验，也是一种有价值的人生境界，没有这体验和境界，日子只会过得平庸，人也轻飘得没有分量，信仰生活不会有所升华。

从媒体上看到某些“先富起来”的富有者饱受牢狱之苦后，才领会到无论哪个时代，贫苦有贫苦的优势，富足有富足的悲哀。贫苦不易变为富裕，但富裕却易使人变节。贫苦很苦，但容易使人发愤图强，回望来之不易，而“苦”正是其中的动力，“富裕”则容易让人自满自足。

细细想来，穷与富是相对的，关键是心态。即使社会发展到一定的水平，也仍有穷与富的差异。这种穷富之别，既包括人类创造的物质财富，也包括精神财富。经济上的穷与富，不直接影响人格上的独立。接纳自我与现实，接纳自己的家庭境遇，接纳自我的限制，敢于超越自我，才能成为自己想做的人。

穷并不可怕，它虽然可以影响我们目前的生存状况，也同样可以激发我们去创造无穷的财富。若因贫穷而生苦恼，进而自卑，做出傻事或愚蠢之举，就不足取。穷与富都不可怕，可怕的是心灵的扭曲。

古语讲，富不过三代，如果躺在前人的财富上心安理得地享受，只局限在守财方面，会忽略自身的发展和潜能的开发，只能是坐吃山空。有了钱就不思进取，抑制了自我发展，荒废了大好年华，只躺在父辈创造的财富上坐享其成，才是最可悲、最危险的。

在生命的旅程中，贫与苦总是相随的。然而，在时下人们“全面小康”的时代谈贫道苦，会被视为消极落伍的表现。因为，在大多时候，人们都向往富有，乐意于“盛世”“民富”等赞语，贫穷似乎一夜之间已成历史往事。在人们淡忘了“苦”的同时，追求富足变成了现代的时髦。

其实，告别实际生活上的贫穷，但并不意味着远离生活中的痛苦。生活中没有苦，怕吃苦，也不准备吃苦，这恐怕是俗世的谎言，做人的误区。有的人一生之中飞黄腾达，官位、财富辉煌显赫；有的人一生之中穷困潦倒，狼狈不堪，整个人生充满感慨和叹息。人的一生因为人生观、世界观的不同，而产生不同的结局。

相信一个人无论身在何处，无论贫富贵贱，都应不断地完善自我人格。人生存于世，若是个富贵人，应做到对人对事要自我节制，礼敬待人，千万不可骄狂傲物。古人讲得好：“德以满而损，福以骄而减。”如果你是个贫穷者，也应做到对人不谄媚奉承，即使生活再苦，对人对事也要能够泰然处之，安贫乐道。

所谓：“人穷瘦骨硬，家富喉咙宽。”这句话非常世故，却道尽了人生百态。怎能不谨慎反省警惕呢？人“穷”不可耻，可耻的是穷得没有骨气，以至忘记人格尊严。一个“富”人，若能做到谦虚谨慎，不骄狂傲慢，也是件很不容易的事。

一个富有的人，在人生的旅途中，要经过多少奋斗拼搏才有如此的成就。一个人假如现在很富有了，认为目前已经取得了很大的成就，就沾沾自喜，得意忘形，惹是生非，落到可悲后果，就很不值得了。

一个人若贫困潦倒，还大言不惭地佯装出一身臭架子，这与一个不学无术的阔佬又有什么分别呢？人穷，不过是物质上的匮乏，不能让心也贫乏、空虚，只要能在生活中安于清贫，淡泊明志，逆境来时也不怨天尤人，处事待人接物做到真诚恳切，平等清净，能够真正做到对一切人、事、物不卑不亢，那就是真的正人君子。

一个富人，若能平易近人，和颜悦色，又怀有感恩之心，常常热忱济世助人，为人谦虚好学，勇猛精进，彬彬有礼，受万人尊重，也就是了不起的正人君子。

如果生活真的“穷的只剩下钱了”，那才是人生的另一种悲哀！

金钱可以塑造一个人的形象，也可以毁掉一个人的德行

有时一个人能够走上发财之路，并不在于他比别人更聪明，而是人们有感于他人格的魅力给予了他更大的帮助和机会。如果人格上存在着缺陷，即使取得了一时的成功，最后也会走向痛苦的深渊。

有一天，魏尼和朋友决定要联手“做一票”，而他们下手的对象，是一台载运露华浓化妆品的卡车。他们两个趁卡车司机在路边快餐店吃饭的时候，偷偷地溜上车，自己动手把引擎发动，然后拉着一大堆的口红和保养霜扬长而去。

不过，他们虽然得手了，但要把那么多偷来的化妆品转手卖出去，即使是在上个世纪60年代的布鲁克林区，也不是件容易的事情。当他们销赃的时候，就算不被警察逮到，也很可能会被当地的龙头老大强索“保护费”。于是，魏尼和他的同伙就得想个办法，把偷来的东西卖掉。

这两个人先在华尔街找了份工作。华尔街一向都是人口稠密的地方，这里的公司雇用很多的交易商和秘书小姐，每个人都有不错的收入，而且似乎也都对高品质的东西有所偏好。

于是，魏尼在一个大型的经纪商那里找到了一份低级的差事，然后开始找机会转卖他们偷来的货物。口红每支卖2美元、3美元、或是4美元，这样的价钱很好卖，东西非常抢手，他的同伙也做同样的事情。他们每周差不多可以赚100美元，一年大概就是5000美元的进账。在20世纪60年代，对于两个从布鲁克林区混出来的生意人来讲，第一年就能赚到5000美

元，已经相当不错了。于是，他们仅靠着卖露华浓化妆品，就在华尔街得到了相当不错的底薪和额外的红利了。

但是这些非法偷来的东西，最后还是有销完的一天。然而，很讽刺的是，魏尼后来竟然发现华尔街生活和过去在黑街打混的日子一样刺激。于是，他便在华尔街留了下来，在场外市场(OTC)从事股票交易商的工作，而且一混就是20年。或许在这段期间，他还曾经为了好玩而买卖过露华浓的股票呢，谁晓得？

不过，后来听说魏尼是靠着社会福利金在过活。他最后在华尔街的混日子的公司在1987年崩盘的时候倒闭了，而且那家公司好像也涉及了某件股票违约交易的案件。

财富又通过它来时的路走了，这就是金钱法则，不是通过正当途径挣得的钱财是不能长久的。

人品好者人缘也好；人品欠佳者人缘自然也欠佳。一个人倘若没了人品，谁也不愿与其合作共事。

许多投机商，包括一些所谓很成功的投机商，并没有很严肃地对待自己的事业，他们认为只要有钱可挣，便不顾一切人格的得失，他们以为钱就能取代一切。

请记住：无人品者莫赚钱。

某地方曾出现过一个机构健全的“乞讨公司”。公司设有老板、业务经理、会计、员工，俨然是一个正规私企。最初，“乞讨公司”的老板与亲戚外出打工，可是没赚到钱。当听人说乞讨来钱快时，他们就回老家找了两个孩子外出乞讨，在山东烟台和威海一带“实践”了半个月，除掉开支，每人还分得500元钱。老板认为再找两个孩子来钱更快，就又在老乡中发展了两个人，可对孩子的父母谎称是外出打工贴广告。公司成立，老板统管全局，“业务经理”负责踩点、检查工作，会计(老板之妻)负责财务、生活和照顾自己4岁的儿子。先来的两个小孩按“业绩”与老板五五分成，新来的两个小孩月薪500元，一个月后“转正”。老板为“业务”配了手机和信用卡，还为一小孩配了传呼机。“乞讨公司”后被识破，财产全部没收，一个赚黑心钱的所谓公司就此消失。

这种利用人性中的善良、美好大做文章，以满足一己私欲的行为，真是可恶至极。上文提到的“老板”，骗人不说，利用失学少年来乞讨可以说是没有人性。

赚钱一定要光明正大，如果仅靠小聪明去赚黑心钱的话，总有一天会被识破。天上没有掉馅饼的事，只有渴望天上能掉下馅饼的人。聪明的人如果肯花力气一定不会没钱赚的，如果只想着投机，到头来只能是铤而走险。

钱可以塑造一个人的形象，也可以毁掉一个人的德行。

赚得心安，用得舒服

钱是让我们获得安全感的东西，如果因为赚钱而受良心的谴责，那钱于我们又有什么用呢？光明正人赚来的钱花着也舒服，用着也心安。

钱可能有花完的时候，人品却是要跟随一辈子的，只要有一个好人品，再穷也是富有的，何况人品还真的能助你发大财呢！

李立山曾经怀揣200元，负债9万元，但他毅然地“下海”了，到50岁的时候李立山已积累了千万元资产，他深有感触地说：“这靠的是在部队里磨炼出来的过硬作风和值得让人信赖的人品，人品是经商的第一品牌。”

1972年，李立山从安徽六安参军来到威海，4年后走出绿色的军营。对一个在部队里生活惯了的人来说，初涉商场，感觉有些迷茫。但是他坚信只要努力，靠本事吃饭，不坑不骗，老老实实去拼搏，就一定会看见成绩的。李立山带领群众冲破“左”的束缚，大力发展经济，使村民的收入翻了近一番。又过了4年，李立山到社办企业任厂长、党支部书记，结果企业亏损了9万多元。李立山带着遗憾自己“下海”创业，并表示一定要用自己的经营收入弥补企业的亏损。

说起这段经历，李立山强调：“如果一个人的人品比较好，首先是个人对集体、对组织负责任。这样大家才能相信你。”与人交往，李立山同样注重人品。有年秋天，一场大火把经营者丛献滋的一大摞账本化为灰烬，其中包括李立山签了字的一沓子货款单。丛献滋凭记忆理出了2万元的供货账目，心里像揣着小兔似的拨通了李立山的电话。李立山听说自己的供货商家里遭了灾，忙不迭安慰他："供货单我这有底儿呢，我马上查，你明天过来提款就是了。"让丛献滋想不到的是，李立山查出来的数字，竟比自己凭记忆整理出的数字多出来12000元！在生意场上只信白纸黑字的丛献滋，对李立山的人品佩服得五体投地。

李立山的"人品好"远近出名，靠着这块招牌，他想走更远的路。10多年来，威海市商业街上的许多店铺几易其主，不少人说这生意是越来越难做了。但李立山的庆威店却越做越火、越做越大。李立山说："做生意讲诚信，是吃小亏赚大便宜。人品永远是金字招牌。"

"能帮助别人就快乐。"李立山说，自己的财富来自于党的好政策，来自于社会，应该毫不吝啬地回报社会。李立山除了积极纳税外，还踊跃捐款，在威海当地被誉为"捐款专业户"。

李立山是从军队里走出来的，他时刻牢记部队那种不怕困难的精神，更时刻以"雷锋精神"为榜样。他捐款帮助过的单位和个人，自己都数不清了。有一年教师节前一天，环翠区泊于镇侯家中学的师生给李立山发来了一纸大红喜报："甘泉"终于流淌出甘甜的泉水了！师生们力邀李立山前往品一品"甘泉"的水。"甘泉"是一口机泵井，侯家中学的校园坐落在一个山丘上，师生们常年为饮水问题发愁，李立山出资为学校打了这口井。李立山回忆说，"甘泉"打成正赶上了教师节，"当时我掬一捧甘泉水心里真甜呢！"

经济尚不发达的安徽六安老家，是李立山心中永远的牵挂。在那里，李立山常年出资帮助4名孤寡老人，每次回家问候过了老娘，他就给这4名老人挨门挨户送钱送物。有一年回家，听说特困户老王家的两个孩子因经济原因上学有困难，李立山掏给王家3000元，此后又连续资助孩子上学。听说淠东乡小学有好几间危房，李立山一次性捐助5万元用于校舍改造。2001年回家，李立山看到青年坝村路差桥窄，便拿出3万元给村里修路架桥……家乡遭遇水灾，灾情传来的第二天，李立山汇出了10万元捐款。接下来的几个晚上，李立山和妻子瞪大了眼睛盯住电视新闻频道……灾情揪心揪肺，夫妻俩又凑了30万元，为重灾户盖房子用。

李立山不仅授人以鱼，而且授人以渔。为给一对下岗职工夫妇找一间合适的店铺，李立山走街串巷忙了近一个月。提起这件事，李立山说：“帮人要帮到底，光出点钱容易，难的是帮人找到一条摆脱困境的路子！”后来，他便一次又一次地投资买门市房，贷款买店铺……

作为商人，李立山从不放过任何一次赚钱的机会。然而，作为房主，李立山出租房子有点“怪”，他要求租他店铺的人，要用工就必须雇下岗职工。答应了这个条件，租金就可以压到市价的最低限。于是，就有一批又一批下岗职工从他这里得到了实惠。

李立山说：“能帮助别人，我就快乐着；人家有困难，我没帮助，我会感到很不安。”

一个人活在世上最需要的是人品。没了人品，人就没了人样。尽管人品不能当饭吃，但却是立身之本，对事业的成败影响颇大。

为自己工作而不为钱工作

致富的简要秘诀就是——不为钱而工作。让钱为我工作，而不是我为钱工作；做金钱的主人，而不是奴隶。

《富爸爸、穷爸爸》中曾说过："之所以世界上绝大多数的人为了财富奋斗终生而不可得，其主要原因在于虽然他们都曾在各种学校中学习多年，却从未真正学习到关于金钱的知识。其结果就是他们只知道为了钱而拼命工作……却从不去思索如何让钱为他们工作。"这就是穷人和富人的不同的金钱观念。穷人是遵循"工作为挣钱"的思路，富人则是主张"钱要为我工作"。

富人是因为学习和掌握了财务知识，了解金钱的运动规律并为其所用，大大提高了自己的钱商；而穷人不懂得金钱的运动规律，没有开启自己的钱商。尽管有的人很聪明能干，接受了良好的学校教育，具有很高的专业知识和工作能力，但由于缺少钱商，还只能成为穷人，成不了富人。

我们眼中的富人，他们致富的秘诀就是——不为钱而工作。"让钱为我工作，而不是我为钱工作；做金钱的主人，而不是奴隶"。

某公司有一位员工，在公司已经工作了10年，薪水从不见涨。有一天，他终于忍不住内心的郁闷，当面向老板诉苦。老板说："你虽然在公司待了10年，但你的工作经验却只是相当于1年，能力始终只是新手的水平。"这名可怜的员工在他最宝贵的10年青春中，除了得到10年的新员工工资外，其他一无所获。

也许，这个老板对这名员工的判断有失准确和公正，但相信，在当今这个日益开放的年代，这名员工既然能够忍受10年的低薪和持续的内心郁闷而没有跳槽到其他公司，就足以说明，他的能力的确没有得到更多公司的认可，或者换句话说，他的现任老板对他的评价基本上是客观的。这就是只为薪水而工作的结果！

大多数人因为不满足于自己目前的薪水，而将比薪水更重要的东西也放弃了，到头来连本应得到的薪水都没有得到。这就是只为薪水而工作的可悲之处。

不要担心自己的努力会被忽视。大多数的老板还是有判断力，比较明智的。为了最大化实现公司利润，他们会尽力按照工作业绩和努力程度来晋升积极进取的员工，那些在工作中能尽职尽责、坚持不懈的人，终会有获得晋升的一天，薪水自然会随之高涨。

同时，我们可以换一个角度来思考：现在的努力并不是为了现在的回报，而是为了未来。我们投身于工作是为了自己，是在为了自己而工作。人生并不是只有现在，而是有更长远的未来。其实，薪水只是工作的一种报偿方式，刚刚踏入社会的年轻人更应该珍惜工作本身带给自己的报酬。

与在工作中获得的技能与经验相比，微薄的薪水对于年轻人来说不应该被看得过分重要。公司支付给你的是金钱，你的努力赋予你的是可以令你终身受益的能力。能力比金钱重要万倍，因为它不会遗失也不会被偷。许多成功人士的一生跌宕起伏，有攀上顶峰的风光，也有坠落谷底的失意，但最终重返事业的巅峰，俯瞰人生，原因何在？

因为有一种东西永远伴随着他们，那就是能力。他们所拥有的能力，无论是创造能力、决策能力还是敏锐的洞察力，既非一开始就拥有，也不是一蹴而就，而是在长期工作中积累和学习到的。

也许你的老板可以控制你的工资，可是他却无法遮住你的眼睛，捂上你的耳朵，阻止你去思考，去学习。换句话说，他无法阻止你为将来所做的努力，也无法剥夺你因此而得到的回报。一个人如果总是为自己到底能拿多少工资而大伤脑筋的话，他又怎么能看到工资背后可能获得的成长机会呢？他又怎么能意识到从工作中获得的技能和经验，对自己的未来将会产生多么大的影响呢？这样的人只会无形中将自己困在装着工资的信封里，永远也不懂自己真正需要什么。

小房出生在乡村，只接受过很短的学校教育。18岁那年，来到一个建筑工地打工。虽然小房只是一个进城的农民工，但是，自从进入建筑工地那一天起，小房就下定决心，要做同事中最优秀的人。当其他人在抱怨工作辛苦、薪水低的时候，小房却默默地积累着工作经验，并自学建筑知识。

晚上吃过晚饭，工友们往往扎在一起闲聊天或打扑克，只有小房躲在角落里看书。有一天，公司的经理到工地检查工作，经理视察工人宿舍时，看见了小房手中的书，又翻了翻他的笔记，什么也没说就走了。

第二天，经理把小房叫到办公室问："你学那些东西干什么？"小房不慌不忙地回答说："我想我们公司并不缺少打工者，缺少的是既有工作经验、又有专业知识的技术人员和管理者，是不是？"经理点了点头。

不久，小房就被破格升任为技师。那些打工者中也有人讽刺挖苦小房，但是他回答说："我不光是在为老板打工，更不单纯是为了赚钱，我要使自己的工作创造的价值，远远超过所得的薪水。我是在为自己的梦想工作。"

正是抱定了这样的信念，他工作努力，刻苦钻研，系统掌握了技术知识。就这样，小房一步一步升到了工程师的职位上。几年以后，小房已经是一家建筑公司的总经理。

小房抱持为自己工作，不为钱打工的胸怀大志，能够为自己的目标去努力奋斗，而公司反过来就成为他实现自己奋斗目标的平台和施展自己才华的舞台。

小房的故事，并非说只要努力，你就一定能够成为公司老板，而是说只要努力，只要付出比别人更多的工作热情，你的才华就不会被埋没的。但是，前提是你必须明确：你在为自己打工，为自己的人生打工，不是为钱打工！

因为，我们不是为了目前的薪水而工作，我们还要为将来的人生而工作，为自己的未来而工作。一句话，薪水算什么！我们要为自己而工作。世界上大多数人都在为了薪水、为了钱而工作，如果你能不为钱而工作，你就超越了芸芸众生，也就迈出了成功的第一步。

确定金钱在生活中的真正目的

有人说，一个人的主观幸福是一个分数，分子是他拥有的各种资源，如金钱、学识、人际关系等，分母是对幸福的期望，或者说，是实际的享受与期望的享受之比。所以，欲望越大的人，越是得不到满足，越是感到不幸福。早几年“金钱不是万能的，没有金钱却万万不能”这句话流行得颇广，常常被人加以引用，以说明金钱在人们现实生活中的重要作用，中国民间也流传着一句话，叫做“有钱能使鬼推磨”，更强调金钱之魔力的巨大，大到可以沟通天上地下关节，可以直达阴曹地府里的阎王爷处。金钱的魔力如此之巨大，凡夫俗子自然是见钱眼开了。

那么，钱到底能做什么呢？

钱可以买到人参燕窝这些延年益寿的极品，但买不到健康，健康的身体需要健康的心理和健康的行为构架。

钱可以买到别墅、公寓，但买不到温馨美满的家庭。温馨美满的家庭是靠每个家庭成员的责任去构筑起来的小巢，小巢既使简陋也会燃烧着旺旺的幸福火焰。

钱可以买到最美的衣服和最珍贵的珠宝，但买不到美。一个人的美，关键在气质。气质不是做出来的、装饰出来的，气质是一个人内质与外表的统一，饰品只能起点缀作用，舍其内质的修养，饰品反而会弄巧成拙。

钱可以买到朋友，但买不到友谊。用钱交朋友，有钱则亲，无钱则疏；用心交朋友，心诚则谊长。

钱可以买到虚名，但买不到才干，买不到知识。

钱可以买到权势，但买不到威望。

钱可以买到小人的心，但买不到君子之志。

钱可以买到一切欲念的满足，但买不到感情……

钱的作用是不容置疑的，试想在现实生活中有谁能够离得开钱呢？普通老百姓离不开，政府公务员离不开，领导官员离不开，大腕明星离不开。钱，可以使卑贱的变成高尚的，丑的变成美的，懦夫变成勇士，可以使窃贼得到高位。因此，越来越多的人被金钱迷蒙了双眼，他们信奉“人为钱死，鸟为食亡”的哲学，选择了“做金钱的奴隶”这一生存方式大肆地侵吞公款，贪污受贿，无耻地偷窃卖淫，疯狂地走私贩毒，但是历史与现实告诉我们，金钱有时也可以把美的变成丑的，新鲜的变成腐败的，尊贵的变成卑贱的，勇士变成懦夫，高官变成盗贼、乞丐、囚徒、死刑犯！

如何看待金钱，如何获取金钱，如何使用金钱，涉及金钱观。正确的金钱观，指导我们理性地对待金钱，通过合乎道德与法律的正当途径挣钱，把钱用到利于国家社会、利于他人的有益的地方，用到有利于自己发展、实现人生价值的地方。树立正确的金钱观，我们的灵魂更纯洁，道德更高尚，境界和智慧都能上一个层次。

来看一个小故事，据说是真实的。

美国纽约市有一位资深金融顾问，每天上下班，她都在热闹的59大街穿梭。而每次经过第三大道上那个十字路口，她都会对深埋于沥青里的两枚一美分硬币“想入非非”。在这位金融顾问的“游戏规则”里，她希望自己不借助任何工具就能得到它们。

终于，夏日里一个炎热的下午，当她再次路过十字路口时，感觉沥青已经变得松软，于是不惜损坏花费13美元精心修剪的指甲，从中挖出了一美分。当对面红灯闪亮、身旁车流滚滚驶来时，她放弃了对另一枚硬币的

“追求”，接着就在大街上享受起这份目标到手后的快乐。可是，就在她高高抛起那枚一美分时，令人沮丧的事发生了，硬币不慎从手中滑落、滚动，最终消失在下水道里。“向往”如此之久才终于拥有的，竟然短短几分钟之内就得而复失了。

经过这一微小的事件，她开始用新的方式看待金钱。她领悟到硬币或者说金钱本身，其实多么“软弱无力”，只是等待着人们像“疯子”一样去得到它、保存它、花掉它乃至失去它。所谓金钱的命运，实际完全取决于支配它的人的行为。

这则故事很简单，寓意也很明确：究竟是金钱改变了我们，还是我们改变了金钱。必须明白的是，金钱本身并没有任何力量，它所有的“作为”皆来自于其拥有者。无论是谁，（至少在理论上）都可以从贫穷到富裕，或者从富裕变回贫穷。其中的关键，就在于有没有挖掘并驾驭金钱的能力。

做金钱的主人

意大利有句谚语：让金钱成为我们的奴隶，否则它就会成为一个任何事都想说了算的主人。那么你想成为金钱的主人还是奴隶呢？

现在流行“财商”这个概念。什么是财商呢？简单地说，财商就是一个人认识、把握金钱的智慧与能力，它包括两方面的内容：一是正确认识金钱；二是正确使用金钱。

一个人怎样使用钱(包括投资赚钱和消费花钱)是检测其财商高低的唯一方法。

犹太人亨利·泰勒在他写的《生活备忘录》一书中指出：“因此，在赚钱、储蓄、花销、送礼、收礼、借进、借出和馈赠等方面，正确的行为原则和方法几乎为一个人的完美无缺做出了论证。”

因为人性中的一些最优秀的品质是与正确使用金钱密切相关的，如节俭、慷慨、诚实、公平和自我牺牲精神等；同样人性中的一些弱点，如贪婪、欺诈、不公平和自私，也能由对金钱的态度表现出来。

何刚10年前还是一个不名一文的穷小子，靠着自己辛苦创业，白手起家成为千万富翁。现在他的资产超过了2000万，拥有一家工厂，每个月有几十万元的净收入，但是与之形成巨大反差的是他的家庭月支出只有5000元。

每天何刚都在自己的工厂里忙碌，早上很早去工厂，晚上很晚才回家，大部分的晚饭都在工厂里的食堂解决。他不讲究穿着，因为他几乎每天都是和工人们在一起，接触到的客户大多也和他一样衣着随便。他也不去度假，因为没有时间。他也没有什么特别的爱好，同样也是因为没有时间。每天他想的都是如何把工厂扩大，如何应对新的竞争对手。

有人问何刚："你幸福吗？"

何刚想了想说，除了看到自己存折上的数字变多时，会有幸福的感觉，其余时间和10年前几乎没有太大的差别。

没有时间花钱的人不幸福，每天忙着花钱的人幸福吗?

Lisha的答案是，除了还款日。

Lisha是一栋甲级写字楼里的白领，属于典型的月光族。Lisha的生活理念是宽待自己，要让每一天都过得很美好，她的化妆品、时装都是名牌，出门打车，吃饭下馆子，每年的假期都选最时兴的旅游地。不过Lisha的美好生活也有例外，那就是信用卡的还款日。

"不知道为什么信用卡账单上的欠款额总是比我的预计要高出不少。"为了弥补这个缺口，Lisha花尽了心思。不得已之下Lisha只得重新申请了两张信用卡，卡套卡的还款方式总算可以帮Lisha暂时渡过难关。不久Lisha找到了更好的替代工具，那就是信用卡分期付款。一笔大额消费分成了12期，也就成为了Lisha眼中的"零头"。

可是最近Lisha发现，看上去不起眼的"零头"凑在一起，也给自己带来了不小的负担，"这个月我要支付四五千元的分期付款费用，加上日常的信用卡欠款3000元左右，还有不可少的房租、生活费用……"面对雪片般飞来的账单，Lisha开始反省自己的生活是不是真的幸福?

千万富翁何刚获得了丰厚的财富，却没有获得驾驭财富的能力，因此不懂得如何享受金钱带来的乐趣，这使得他的生活与没有财富的人没有本质的区别。

月光族Lisha看似会花钱，会享受人生，拼命透支金钱的乐趣，却不知这需要财富作为基础。可是她所驾驭的财富却不在自己能力范围内，透支明天的钱，获得今天的享受，其实只是换做了明日财富的奴隶。

看上去，何刚和Lisha是生活中的两个极端。但他们也有共同点，就是都不知道该如何正确地支配自己所拥有的财富，他们都是金钱的奴隶，而不是金钱的主人。

金钱只是我们改善生活的工具

金钱是我们改善生活状态的工具，在自己可以支配的财富基础上，掌握驾驭财富的能力，按照自己的实际能力选择相应的生活，才能让金钱成为我们忠实的仆人。

有这样一则关于理财的故事。

一个叫卡恩的人，站在一幢百货公司的大楼前，突然闻到一种很好闻的雪茄味，转脸一看，原来自己身边站着一位穿戴考究的绅士，香味就是从他手上的雪茄传出来的。

卡恩恭敬地与那绅士搭话："先生，你的雪茄味道很香，我想它一定不便宜吧？"

"两美元一支。"

"好家伙……你一天抽多少支呢？"卡恩佩服地问道。

"大概10支左右吧。"

卡恩惊讶了："天哪，你这样抽了多久？"

"抽了40年了。请问先生，你是为这家烟草公司做调查的吧？"

"不，先生，我只是想计算一下，这40年你一共抽了多少美元。我想，你如果不是这样抽烟的话，抽雪茄的钱足够买这幢百货大厦了。"

"先生，你抽烟吗？"绅士反问道。

“不，我才不抽呢，抽烟是浪费。”

“那么，你有一幢百货大厦了吗？”

“我哪里有那么多钱。”

“告诉你吧，这幢百货大厦就是我的。”

按照一般人的看法，卡恩的想法是对的，并且他也很聪明，能够马上算出来：每支雪茄2美元，每天抽10支，那么40年的雪茄烟钱，足可以买下眼前的这幢百货大厦。

虽然卡恩很懂得滴水成河、聚沙成塔的道理，并且能身体力行，从没抽过2美元一支的雪茄。但是这样不会花钱的人也是不能赚钱的。所以抽雪茄的人拥有了百货大厦而不抽雪茄的人却一无所有。

的确是这样，现实生活中这样的例子很多。有的人将钱存入银行，不敢花钱，就算一时意外发了财，他也肯定管理不好财富，会让财富慢慢流失。索罗斯在亚洲金融风暴之后回答记者问题的时候就说过：赚钱，1个乞丐就可以做到；花钱，10个哲学家都难以做好。

金钱的实际价值并不是其表面的金额，同样多的钱如何花，最终产生的结果也不同。会花的，能给你带来也许是几十倍、几百倍的收入；不会花的，花了就花了，不仅没有任何收益，甚至有可能还要赔钱。

别让金钱支配我们的生活

钱是什么？钱，多不得，少不得；钱，不是万能的，又是必需的；钱，带来富贵，也带来罪恶。钱，带来生命，也毁掉生命。钱，这个东西，有时也有些灵性，你不看重它，没有办法讨它欢心，它也常常背你而去，终生与你无缘，即使迎面相撞，也可能失之交臂。而对那么会赚钱又想赚钱的人，钱竟然会自动地找上门来让你赚。钱是什么，谁也说不清……

我们从小接受的都是传统教育，我们要努力读书，立志考重点中学，考名牌大学，然后找一个轻松的体面的赚大钱的好工作，再然后，我们就开始了单调的上班、下班周而复始的生活。

面对现如今激烈的市场竞争，谁敢保证明天自己不会失业呢？所以，我们又非常恐惧失去工作，害怕付不起房子、车子的贷款，害怕遇到天灾人祸，害怕银行没有足够的存款……没有钱，我们连温饱都成问题，金钱好像能控制我们的生活，我们的一切。

总之，我们期望稳定，害怕失去这一切，为了能够继续享受稳定，我们不得不学习深造，拼命工作，慢慢地我们开始为钱玩命，大多数人都成了钱的奴隶，然后我们还会把怨气、怒气一股脑儿地对准老板，痛恨他们心太黑、手太狠，每天都在剥削压榨我们的剩余价值。

每天面临着失业的危机，每天清晨都有一种失业的恐惧，恐惧追逐着我们，我们不得不硬起头皮去工作、去赚钱，金钱会给我们带来更多、更好、更漂亮、更有趣、更令人激动的物质刺激，金钱能买来更多的快乐、更多的开心、更多的舒适和更多的安全，于是乎，我们为了实现内心的欲望，正在一点一点地为钱开始工作，慢慢地变成了钱的奴隶。

我们好像陷入了一个无法自拔的陷阱，每天忧心忡忡，我们好像已经被金钱主宰着工作，被金钱控制了生活，不能自拔地为钱开始拼命透支，我们好像已经陷入一个为钱奋斗的怪圈。

如何才能摆脱这个怪圈呢？——不为钱工作。

说起来容易，做起来难。可以说只有一份稳定的职业，一份固定的收入，才能保障我们的衣食无忧。但是，有时候，光想着为赚钱拼命工作的时候，我们会与更多的机会擦肩而过。大多数人看不见这种机会，因为大多数人都忙着赚钱，忙着为金钱工作，所以，他们得到的也就只是眼前的利益，赚的是屈指可数的有限金钱。

假如你弄懂了生活这门大课，做任何事情你都会游刃有余。但就算你学不会，生活照样会推着你转。所以生活中，人们通常会做两件事。一些人在生活推着他转的同时，抓住生活赐予的每个机会；而另一些人则听任生活的摆布，不去与生活抗争。他们埋怨生活的不公平，因此就去讨厌老板，讨厌工作，讨厌家人，他们不知道生活也赐予了他们机会。

恐惧和欲望，令我们落入一生中最大的陷阱，如果让它们来控制我们的思想，为钱工作，以为钱能买来快乐，这是非常残酷的现实。规避如此残酷的陷阱，打破如此愚笨的生活方式，那就是——别让钱支配我们的生活。

不可否认的事实是，处在困境中，无论是穷人还是富人，都想寻求解脱。但仅有这种想法是远远不够的，关键还要看你是否付诸行动，是否真正地去做，怎样去做？富人不仅有想法，更有办法，没有办法也会创造办法。而穷人则只是整天地长吁短叹，怨天尤人，不做一点有实际意义的事。

现实生活中的人不可能各个都富可敌国，也不可能各个都一贫如洗，但可能都在为钱而工作、奔波、忙碌，都有富甲天下的愿望。

洛克菲勒是美国石油帝国的统帅，是无可非议的富人。年幼时家庭突变，不但没有葬送他反而造就了他。洛克菲勒小的时候，在别人眼里只不过是个非常普通的孩子，在他身上没有任何东西使任何人去推测他的前途。可是谁能想到在日后他却能经营起自己的石油王国，成为石油大亨呢？

洛克菲勒的父亲大比尔教育孩子的方法非常独特，甚至有时很吝啬。当孩子们向他要钱的时候，无论钱用来做什么，哪怕是交纳学费，他也一律拒绝，同时他又会采取另外一个补救措施，那就是采用劳动补偿给钱的方式。这也是大比尔想让儿子成为富人的教育方法吧。富人首先是应该有钱的，但真正的富人的钱是来自他的劳动或者智慧，别无他法。因为富人是驾驭钱而不是被钱驾驭，所以他必须真正地认识了解钱，知道钱应该怎样来，更应该怎样去。

洛克菲勒的账本上详细地记录着他何时在田里工作多少小时，是种马铃薯还是玉米，是挤牛奶还是割麦草都一清二楚，然后父亲以工资的方式付给他。有时候，大比尔总会显示出分毫必争的样子，而洛克菲勒也是不甘示弱，使出浑身解数，尽可能地从父亲那里多抠出一些钱来。大比尔对洛克菲勒所进行的专门训练就是要洛克菲勒从小就学习对金钱的经营。

一次，大比尔问儿子，瓷罐里有多少钱。洛克菲勒说已经有50元了，但是他把这些钱全部贷给了附近的农民，利息为75%。结果第二年在50元的基础上，洛克菲勒又多了3元7角5分钱。

还有一次，洛克菲勒在树林里意外地发现了火鸡的窝，于是他便在附近埋伏。当发现大火鸡暂时离开去觅食时，他就轻轻地跑过去，把小火鸡抱回家。他把那些小火鸡关在自己的房间里精心地饲养，等到感恩节的时候，拿出来卖给附近的农民，从中赚了一笔钱。

也许，有人认为洛克菲勒小小年纪就是个葛朗台式的唯利是图的家伙，但有一点我们必须得承认，那就是我们不能像洛克菲勒一样打造一个石油帝国。

穷人可以出生在富有的家庭，甚至在钱堆里过着富足的生活，这样的人在历史上和现在都大有人在。他们大把大把地花钱，却不知道钱是从哪里来的，就算他们知道，也是仅仅知道从父母的口袋里来。这样的人即使有钱，也不是富人，仅仅是个钱的奴隶而已。钱，只能使他们越来越贫穷，而不是让他们越来越富有，哪怕他们还在过着富人的生活。

不以富喜，不以贫悲

金钱乃是身外之物，以超脱的态度来对待贫富，不以富喜，不以贫悲，快乐才是生活之本。

龟者寿也，虽不存万世，却可残活百年。述其长寿之道者，无异乎无妄，无妄者无欲也，无欲亦无为，无欲无为者心无杂念，静心养性，虽处世中，然心已脱俗世之外者，此诚道者大成也。

“何谓无妄无欲？无妄无欲者，实为心无所想，不以富喜，不以贫悲，无大乐大喜之事，亦无大悲大伤之时。无名利之想，无富贵之求，万物浮沉，泰然处之。深谙黄帝内经所云：悲极伤脾，喜极伤心，愤者伤肝。此者诚为养身之大道也。”

这段精辟的文字可不是什么远古文人隐士所书，确是一位网友谦虚的“随性涂鸦”，字里行间透着一股“与世无争，修身养性”的儒雅，“不以富喜，不以贫悲”，心平气和，泰然处世，因为洒脱而快乐，因为宽容而幸福。

财富，常常被人们拿来衡量成功与幸福。好像只有拥有财富才算是成功，才是幸福的。

贫与富是相对的。晋时石崇、王恺斗富，五六尺高的稀世珊瑚树用铁如意敲碎不屑一顾；北魏元雍、元琛比富，竟发展到用银槽喂马。然而，最终他们死的死，流放的流放。他们曾经“富有”，然而这“富有”最终带给他们的又是彻底的贫穷，从物质到精神的贫穷。他们是成功的吗？历史给予他们的评价是“千古罪人”。

相伴着“富者”，历史上又出现了那么多的“贫者”，匡衡于贫穷之中凿壁偷光，最终成为大学者；百里奚给人当奴隶，为秦王所发现，以五张羊皮易之，最终成为一代贤臣。钱财乃身外之物，要以超脱的态度来对待贫富，不以富喜，不以贫悲。

富之奢侈，富之吝啬，史有李白的恃才狂放视金钱如粪土，“五花马，千金裘，呼儿将出换美酒，与尔同销万古愁”，把“千金裘”看作平常之物，还不如一席畅酒珍贵，这大概就是“超脱于贫富之外”的境界了。至于杜子美的“老妻画纸为棋局，稚子敲针作钓钩”，则更显清净淡泊，与世无争，贫穷中蕴含着生活的温馨，生命的乐趣，这就是古人所称道的“安贫乐道”。

中国人历来注重“气”，外贫内富为“仁”，为“圣”，为“贤”；外富内贫为“不仁”，为“罪”，为“臭名昭著”。在今天物欲横流的社会，真正能“不以富喜，不以贫悲”，安贫乐道，恐怕是多乎哉，不多矣！

不错，金钱真的很重要，它能使人不再心慌，叫人产生自信心。如果我们只谈人生哲理，忘掉人活着还需要油盐柴米、衣食住行，我们就会冻死饿死、倒毙街头。每个经历过失业、流浪、受辱的人，都会有这种切肤的体会。

其实，在需要物质和精神一起支撑的生活天地里，物质只能满足我们生理上的需要，给我们有限的享受。人们一直寻找着幸福，然而，幸福却是精神性的。金钱可以买到任何东西，唯独幸福无法买到。拥有庞大的财富和肥胖并没有什么两样，都不过是获得了超过自己需要的东西罢了。

无论物质生活水平如何提高，人却并不幸福，甚至有更多的烦恼与不满，面对的危机也比以前更多。物质无法满足我们精神上的需求。然而，一旦物质丰富了，人就有精神的追求，需要更高层次的情感享受，就会面临更多的诱惑。有人说，穷日子难过的是肚子，富日子难过的是心情。穷日子固然难过，但容易满足；富日子也同样难过，因为需要安抚浮躁的精神，填补空虚的灵魂。

古希腊哲学家亚里士多德有言："快乐即自足。"人的快乐与否主要不在外物，而在人的自身。本能的满足，只需一箪食，一瓢饮，一个贤惠的女人和一张卧榻。在热切追求物质的潮流中，我们正在不知不觉地丢掉平凡和朴素。其实平凡与朴素，如同阳光、雨露、空气和粮食，恰是生命之本。这是普通老百姓的生活，是生活中最根本的那部分。根本的生活蕴含着根本的精神，真正的快乐都源于这种最朴实的生活。

被誉为自然和真理之人的法国思想家卢梭说："一对彼此相配的夫妇是经得起一切可能发生的灾难的袭击的，当他们一块儿过着穷困的日子的时候，他们比一对占有全世界的财产的离心离德的夫妻还幸福得多。"生活的激情往往由生存的艰难迸发出来，生活的奢侈慵惰却极易产生百无聊赖的情绪。财富可以体现一个人的能力，是人格尊严的基本保证，但绝不是人类价值的唯一体现。

平凡的人一味地追求生活的不平凡，而不平凡的人却能安然享受平凡的生活。"物质是财富之母，精神是财富之父。"这世上的穷人可以很富，这世上的富人也可以很穷。真正富有的人并不是拥有最多，而是需要最少。

这个世界不只是富人的世界，也是穷人的世界，而且后者的数量远比前者为多。作为人类，精神上的贫穷其实比物质上的贫穷更为可悲。从某种意义上说，精神上的得到才是真正的得到。最贫穷的人其实是那些只把金钱视为财富的人。很多时候，精神上的满足，比日进斗金还要快乐。

第七章
心态简单：懂得取舍，学会放下

当鱼与熊掌不可兼得时，我们该如何取舍？选择是一种智慧，放弃是一种美丽。生活的真谛便在这取舍之间。人的一生犹如花的历程，一个花期仅是全部生命历程的一个小小环节。每个花期必将经历一次辉煌与失落，花开花落，谁能无忧，谁能无怨？选择，是量力而行的睿智和远见；放弃，是顾全大局的果断和胆识。当你站在人生的十字路口无法选择时，也许放弃是最好的选择。

什么才是最难舍弃的，是物质的诱惑还是一段感情，或者一种道义？有时候，我们可以放弃一些固执、甚至是利益，这样我们反而可以得到更多。

放弃一颗星星也许能得到一个月亮

如果有人准备学打高尔夫球这种难度极高的运动项目，他将为设备、附件、教练和训练花上大笔的金钱，他还会将昂贵的球杆不经意间打进池塘，他也常常会遭受挫折。如果他学习高尔夫球的目的是成为一位高尔夫球好手，或者在与朋友们相聚时可以共同打打球娱乐，那么这些投入是十分必要的。而且他还必须持之以恒，才会达到自己的目的。

如果他的目标仅仅是为了每周运动两次，减轻几磅体重并加以保持，使自己神清气爽的话，他完全可以放弃高尔夫球，只需找风景好的地方快走就可以了。如果他在拼命练习了一个月或两个月的高尔夫球之后，渐渐认识到这一点，而放弃高尔夫球，开始进行快步走的锻炼方式，那人们对他的评价可能是说这个人没有恒心、毅力，或者说他有自知之明。那么到底是没有恒心还是有自知之明，既要看看问题的角度，还要看实际效果。有时候明智地放弃一个可有可无的机会，就会得到另一个更好的机会。

马克·维克多·汉森经营的建筑业彻底失败了，他因此破产，最后完全退出了建筑业。

很多人喜欢听到的是马克如何令人惊讶地重返建筑业，一步一步爬上成功顶峰的令人欢欣鼓舞的故事。如果马克是用一生的精力这样做，这又将是一个关于恒心和毅力的传奇故事。这类故事很多，只不过马克却不是这类故事的主人公。

他彻底地退出了建筑业，忘记了有关这一行的一切知识和经历，他决定去一个截然不同的领域创业。他很快就发现自己对公众演说有独到的领悟和热情。他很快又发现这是个最容易赚钱的职业。一段时间之后，他成为一个具有感召力的一流演讲师。终于有一天，他的著作《心灵鸡汤》和《心灵鸡汤第二辑》双双登上《纽约时报》畅销书排行榜，并停留数月之久。马克成为富翁，他看到了更大一片天空，只是因换了一个看天的角度。

连·史卡德家的墙上有一个相框，里边有十几张名片，每张名片都代表了他从事过的一项工作。有的工作是由于自己做不好而放弃了，有的工作虽然自己完成得很好但不喜欢所以放弃了。对这十几项工作，他没有一项能坚持到底。然而，他的执著精神是以不断地寻找最适合自己的工作而表现出来的，他找到了一个适合自己的职业，一直做了十多年，最后成为百万富翁。他建立了一个跨国公司，在全世界有几千家经销商。

如果你每年在玫琳凯公司召开年度大会的时候去美国达拉斯市，你会看到几千名粉红装束，开着粉红色卡迪拉克和别克轿车的女强人。而玫琳凯公司作为化妆品的王国，最开始创建的原因，是玫琳凯·艾施女士在一家直销公司做经销商时遭受到生意上的挫折，她辞职后自己创办了玫琳凯公司。

哪一片天空更广阔一看便知，但要下定“换一个角度”的决心需要你具有勇于放弃那些看似有用实则无用的“机会”的心态。

尽人事以听天命

不强求，不妄为，顺其自然，顺势而为。不知道未来，能把握的只是当下，保持一颗平静的心态。

以一颗平常心对待所遇世事，自然会少了许多烦恼。平和的心态对于有志成就大事的人是必不可少的。平常人的平淡，虽不是人生旋律中的精彩华章，却是生活中不可缺少的底色。在现实生活里，平淡总是多于辉煌。谁能善待平淡，谁就能把握住生活的真谛。当机会来临时，才能“于无声处听惊雷”。

有一间画廊的主人，请两位当地著名的画家各画一幅以“风雨中的宁静”为主题的作品，并为他们选定同一天在画廊中展示、拍卖。

展示的当天，两位画家各自带着自己的作品，自信满怀地来到画廊。

第一位画家的作品，是以远山之间的湖泊作为背景的主题，湖面如镜。整幅画呈现出风平浪静的景致。在介绍画中意境的时候，他颇为得意地说：“你们看，多么宁静的湖泊啊！湖面连个涟漪都没有，蝴蝶也停在湖边上静止不动，没有风也没有雨，完全远离尘嚣，呈现出来的正是安宁与平静。”

另外一位画家的作品，则大异其趣，是以奔腾的瀑布为主题，瀑布飞流直下，水花四溅。瀑布旁生长着一棵小灌木，树枝弯曲得都快垂到水面，然而就在这棵树上，画家加了一个小鸟巢。鸟巢虽然已浸得湿透了，看起来似乎非常危险，但再仔细一看，却可以发现鸟巢中，竟然还有几只刚出生的小知更鸟。

这时，第一个画家揶揄地说："这幅画动态十足，我几乎可以听到瀑布急流的声音！"

第二个画家听了之后，不慌不忙地笑着说："您再仔细地看一看吧！有没有发现鸟巢中的小知更鸟啊？它们可是正在安详地睡觉，一点也不受外在环境的干扰啊！"

最后，观众们得出的结论是：第一位画家的作品只能叫做静止，后者才是真正的宁静。

人生的境界是有差别的，无论是静止还是宁静，归根结底是心境的问题。王维有一首诗："月出惊山鸟，时鸣春涧中。"自古以来，人们认为静的极致就隐藏在动中。做人也是这样，眼前浮云涌动，胸中要装一颗平常心，要以静的心态俯视周遭变幻万千的世事。

追求成功是人生的一大乐趣，但失败了也要随遇而安。"不以物喜，不以己悲"，才是更深层的境界。记得林语堂先生有文："一个强烈的决心，以摄取人生至善至美；一股殷热的欲望，以享乐一身之所有，但倘令命该无福可享，则亦不怨天尤人。"这是对平常心精辟的解释。

平常心是对生命透彻的领悟，一切烦恼困顿，均可弃之流水，领悟生命的真谛，就会以一颗宁静的心善待一切。平常心是一种低调的境界，一切从生命出发，一面对生命尽心呵护，一面对人宽容平和，随方就圆。平常心使人具有大海一样的气度，任凭狂风暴雨，惊涛骇浪，依然平静如昨，以如此胸怀去实践人生，就会无所畏惧。

我们应当排遣掉所有的外界影响，做好本分；告诉我们应当把本分做到最好，不留下遗憾和瑕疵；告诉我们只要自己认为已经尽到了自己所应尽到的所有责任，那么接下来就只有听天命。

争取有时会让你失去更多

中国有一句俗话叫“知足常乐”。佛教的理想是“少欲知足”。孟子有一句话：“养心莫善于寡欲”，是说希望心能够正，欲望愈少愈好。他还说：“其为人也寡欲，虽不存焉者寡矣；其为人也多欲，虽有存焉者寡矣。”欲少则仁心存，欲多则仁心亡，说明了欲与仁之间的关系。

自古仕途多变动，所以古人以为身在官场的纷华中，要有时刻淡化利欲之心的心理。利欲之心人固有之，甚至生亦我所欲，所欲有甚于生者，这当然是正常的。问题要能进行自控，不把一切看得太重，到了接近极限的时候，要能把握得准，跳得出这个圈子，不为利欲之争而舍弃了一切。

人生在世，除了生存的欲望以外，人还有各种各样的欲望，自我实现就是其中之一。欲望在一定程度上是促进社会发展的动力，可是，欲望是无止境的，欲望太强烈，就会造成痛苦和不幸，这种例子不胜枚举。因此，人应该尽力克制自己过高的欲望，培养清心寡欲、知足常乐的生活态度。

《菜根谭》中主张：“爵位不宜太盛，太盛则危；能事不宜尽毕，尽毕则衰；行谊不宜过高，过高则谤兴而毁来。”意即官爵不必达到登峰造极的地步，否则就容易陷入危险的境地，自己得意之事也不可过度，否则就会转为衰颓，言行不要过于高洁，否则就会招来诽谤或攻击。

同理，在追求快乐的时候，也不要忘记“乐极生悲”这句话，适可而止，才能掌握真正的快乐。在很多时候，争取有时虽然能获得一些，但最终失去的更多。大凡美味佳肴吃多了就如同吃药一样，只要吃一半就够了；令人愉快的事追求太过则会成为败身丧德的媒介，能够控制一半才是恰到好处。

所谓“花看半开，酒饮微醉，此中大有佳趣。意即赏花的最佳时刻是含苞待放之时，喝酒则是在半醉时的感觉最佳。凡事只达七八分处才有佳趣产生。正如酒止微醺，花看半开，则瞻前大有希望，顾后也没断绝生机。如此自能悠久长存于天地之中。

痛饮狂欢固然快乐，但是等到曲终人散，夜深烛残的时候，面对杯盘狼藉，必然会兴尽悲来，感到人生索然无味。天下事大多如此，为什么不及早醒悟呢？

常常看到有些人为了谋到一官半职，请客送礼，煞费苦心地找关系、托门路、机关用尽，而结果还往往与愿相违；还有些人因未能得到重用，就牢骚满腹，借酒浇愁，甚至做些对自己不负责任的事情。凡此种种，真是太不值得了！他们这样做都是因为太看重名利，甚至把自己的身家性命都压在了上面。其实生命的乐趣很多，何必那么关注功名利禄这些身外之物呢？少点欲望，多点情趣，人生会更有意义，何况该是你的跑不掉，不该是你的争也白搭。

因此，注重中庸并保持淡泊人生、乐趣知足的心态，才能使自己体会出无尽的乐趣，达到人生的理想境界。

古人云：求名之心过盛必作伪，利欲之心过剩则偏执。面对名利之风渐盛的社会，面对物质压迫精神的现状，能够做到视名利如粪土，视物质为赘物，在简单、朴素中体验心灵的丰盈、充实，并将自己始终置身于一种平和、自由的境界。

古语中有“鼹鼠饮河，仅止满腹”之说，俗语中有“日有三餐，夜有一眠”之论。这些说明了一个十分浅显的人生道理：人的一生物质上并不需要太多。这个道理并不太难懂，但是懂了这个道理，并不能以此来指导人生。因此，我们在生活中经常看到有许多人永远不能满足，什么便宜都想占，好事自己没有沾上，便觉得逆情悖理。为了获取物质上的享受，他们不惜工本，费尽心机，最终是“机关算尽太聪明，反误了卿卿性命”。当然，谁都愿意日子过得舒坦些，但是有人把它和追逐无限物质利益等同起来，不知道人之所需实际并不多，或者虽然知道，但不能遏止自己膨胀的欲望。他们为了追逐生活的高水平，把自己的人格降到了正常水平线下。

懂得放弃，才能有更美好的未来

总听到有人感慨人生苦短，自己的理想还远未实现。那么让我们看看他们的理想是什么？“我一定要拿到诺贝尔文学奖！”“我一定要做个数学家！”……渐渐地，这些远大的目标变成了沉重的负担，他们越坚持就越觉得痛苦。为什么不学着放弃呢？放弃是一种解脱，一种量力而行的智慧。你只有懂得了放弃，才会有更美好的未来。

有一种鱼叫马嘉鱼，长得很漂亮，银肤燕尾大眼睛，平时生活在深海中，春夏之交溯流产卵，随着海潮漂游到浅海。渔民捕捉马嘉鱼的方法挺简单：用一个孔目粗疏的竹帘，下端系上铁，放入水中，由两只小艇拖着，拦截鱼群。马嘉鱼的“个性”很强，不爱转弯，即使闯入罗网之中也不会停止。所以一只只“前仆后继”地陷入竹帘孔中，帘孔随之紧缩。竹帘缩得愈紧，马嘉鱼愈激怒，它们更加拼命往前冲，结果就会被牢牢卡死，最终被渔民所捕获。

我们有时也像马嘉鱼一样，笃信坚持到底就是胜利，给自己套上了个“执著”的光环，执著于名利，执著于不切实际的空想，一年复一年，等到老年后才开始嗟叹壮年的无为和空虚。其实只要你放开手，就会发现许多无奈的痛苦已经不解自开。

人们不愿放弃，很大程度上也是因为不想接受变化，不能接受新事物，40多年的历练使我们不敢放弃手中的一切，遇事就钻“牛角尖”。

老马44岁，是某国营钢制品厂的业务员。提起业务，老马总是一脸

的得意：他是厂里的业务尖子，连续13年的销售冠军！厂里领导都说："没有老马拿不下来的客户，老马出马，必定马到成功！"然而，就是这个春风得意的老马，最近似乎遇到难题，原来由于钢制品市场竞争激烈，老马所在的工厂在竞争中明显居于劣势，所以，这一季度，老马损失了不少订单，还丢了几个客户。老马自觉面上无光，走路都抬不起头来。于是老马发誓，一定要挽回颜面，在下个季度大干一场。就这样，老马鼓足了干劲，在全国各地东征西讨，累得连喘口气儿的工夫都没有，妻子劝他："你这么大年龄了，安稳几天多好！销售量下降也不是你的责任，你干吗都揽到自己身上！"可怎么说，老马也不听，非要坚持下去，把销售额提上来。这时，老马的小舅子来找他，告诉他有个私营企业正在招聘业务精英，像老马这样的人才去了，肯定大受欢迎，而且薪水又高，待遇又好。妻子也极力怂恿老马放弃现在这家工厂，换个环境。老马觉得很为难，从心里讲，他也知道这家工厂的境况会持续下滑，再做下去前途不大，但这毕竟是自己工作了20年的厂子啊！再说自己也不能就这么灰头土脸地走了，非得把业务搞上去不可！老马把自己的决定告诉家人，小舅子一听，气得也不理姐夫了，辞职报告一打，自己去了那家私营企业。几年之后，老马头发已经半白了，为了业务指标，他心力交瘁，但是业绩却仍在不断滑坡。厂领导对他也不再亲切，老马苦恼极了。雪上加霜的是，那家私营企业近期准备上市，还给每位员工都分了股份，老马的小舅子有事儿没事就对亲戚炫耀，然后大家就替老马惋惜："唉，那个时候老马要不那么固执，依他的能力，股份肯定分得更多！死守着那个破厂子，每天累死累活，倒弄得两头不是人，有什么好！"不久，老马胃出血，住院了。出院后他办了停薪留职，整天呆在家里静养，他不愿见到自己的亲戚，也不想再听到那些让他悔不当初的闲言碎语。

老马为了不切实际的"坚持"付出了巨大的代价，那我们呢？也许我们紧抓着不放的是我们深爱的理想，但当我们苦苦追求到最后，仍看不到成功的希望时，那么聪明的做法就是赶快放手，不要等到烫伤了手，才发现自己握着的原来不过是个"电熨斗"。

放弃，是一种过人的智慧，只有学会放弃才能够抓住新的机遇。人生本来就是一个不断变化发展的过程。还在苦苦坚持的你也不妨“见异思迁”一回，也许你会发现不一样的美丽。

一次默默的放弃，放弃一个心仪却无缘分的朋友，放弃某种投入却无收获的感情，放弃某种心灵的期望，放弃某种思想……这时就会生出一种伤感，然而这种伤感并不妨碍自己去重新开始！

放弃并不是丧失信心，而是一种更明智的选择

在人生旅程中，的确有很多东西都是靠努力打拼得来的，因其来之不易，所以我们不愿意放弃。比如让一个身居高位的人放下自己的身份，忘记自己过去所取得的成就，回到平淡、朴实的生活中去，肯定不是一件容易的事情。但是有时候，你必须放下已经取得的一切，否则你所拥有的反而会成为你生命的桎梏。

《茶馆》中常四爷有句台词："旗人没了，也没有皇粮可以吃了，我卖菜去，有什么了不起的？"他哈哈一笑。可孙二爷呢："我舍不得脱下大褂啊，我脱下大褂谁还会看得起我啊？"于是，他就永远穿着自己的灰大褂，可他就没法生存，他只能永远伴着他那只黄鸟。

生活中，很多人舍不得放下所得，这是一种视野狭隘的表现，这种狭隘不但使他们享受不到"得到"的幸福与快乐，反而会给他们招来杀身之祸。秦朝的李斯，就是一个很好的例证。他曾经位居丞相之职，一人之下，万人之上，荣耀一时，权倾朝野。虽然当他达到权力地位顶峰之时，曾多次回忆起恩师"物忌太盛"的话，希望回家乡过那种悠闲自得、无忧无虑的生活，但由于贪恋权力和富贵，所以始终未能离开官场，最终被奸臣陷害，不但身首异处，而且殃及三族。李斯是在临死之时才幡然醒悟的，他在临刑前，拉着二儿子的手说："真想带着你哥和你，回一趟上蔡老家，再出城东门，牵着黄犬，逐猎狡兔。可惜，现在太晚了！"

尽管掌声能给人带来满足感，但是大多数人在舞台上的时候，其实没有办法做到放松，因为他们正处于高度的紧张状态，反而是离开自己当主角的舞台后，才能真正享受到轻松自在。虽然失去掌声令人惋惜，但"隐退"是为了进行更深层次的学习。

人生征途上，要懂得追求，也要学会放弃，特别是在人生的节骨眼上举重若轻，拿得起，放得下，这样才能拥有美丽、灿烂、幸福的人生。

拿起该拿起的，放下该放下的

有一天，坦山和尚在准备拜访一位他仰慕已久的高僧，高僧是几百里外一座寺庙的住持。早上，天空阴沉沉的，远处还不时传来阵阵雷声。

跟随坦山和尚一同出门的小和尚犹豫了，轻声说道：“快下大雨了，还是等雨停后再走吧。”

坦山和尚连头都不抬，拿着伞就跨出了门，边走边说道：“出家人怕什么风雨。”

小和尚没有办法，只好紧随其后。两人才走了半里山路，瓢泼大雨便倾盆而下。雨越下越大，风越刮越猛，坦山和尚和小和尚合撑着一把伞，顶风冒雨，相互搀扶着，深一脚浅一脚艰难地行进着，走了半天也没遇上一个人。

前面的道路越走越泥泞，几次小和尚都差点滑倒，幸亏坦山和尚及时拉住了他。走着走着，小和尚突然站住了，两眼愣愣地看着前方，好像被人施了定身法似的。坦山和尚顺着他的目光望去，只见不远处的路边站着一位年轻的姑娘。在这样大雨滂沱的荒郊野外出现一位妙龄秀女，难怪小和尚吃惊发呆。

这真是位难得一见的美女，圆圆的瓜子脸上两道弯弯的黛眉，长着一对晶莹闪亮的大眼睛，挺直的鼻梁下是一张鲜红欲滴的樱桃小口，一头秀发好似瀑布似的披在腰间。然而她此刻秀眉微蹙，面有难色。原来她穿着一身崭新的布衣裙，脚下却是一片泥潭，她生怕跨过去弄脏了衣服，正在那里犯愁呢。

坦山和尚大步走上前去：“姑娘，我来帮你。”说完，他伸出双臂，将姑娘抱过了那片泥潭。

以后一路行来，小和尚一直闷闷不乐地跟在坦山和尚身后走着，一句话也不说，也不要他搀扶了。

傍晚时分，雨终于停了，天边露出了一抹淡淡的晚霞，坦山和尚和小和尚找到一个小客栈投宿。

直到吃晚饭，坦山和尚洗脚准备上床休息时，小和尚终于忍不住开口说话了：“我们出家人应当不杀生、不偷盗、不淫邪、不妄语、不饮酒，尤其是不能接近年轻貌美的女子，您怎么可以抱着她呢？”

“谁？哪个女子？”坦山和尚愣了一愣，然后微笑了，“噢，原来你是说我们路上遇到的那个女子。我可是早就把她放下了，难道你还一直抱着她吗？”

小和尚顿悟。

生活就是放下和拿起，关键是什么该放下什么该拿起，不该放弃的绝对不能放弃，该放下的一定要放下，这是做人的原则性和灵活性。

实际上，生活原来是有许多快乐的，只是我们常常自寻烦恼，空添许多的愁绪。为什么会这样呢？因为我们只知道拿起，不懂得放下——我们有太多的杂念，太多的野心，太多的想法，太多的欲望……

有一个聪明的年轻人，很想在一切方面都比他身边的人强，他尤其想成为一名大学问家。可是，许多年过去了，他的其他方面都不错，学业却没有长进。他很苦恼，就去向一位大师求教。

大师说：“我们登山吧，到山顶你就知道该如何做了。”

那山上有许多晶莹的小石头，煞是迷人。每见到他喜欢的石头，大师就让他装进袋子里背着。很快，他就吃不消了。“大师，再背，别说到山顶了，恐怕连动也不能动了。”他疑惑地望着大师。“是呀，那该怎么办呢？”大师微微一笑道，“该放下。不放下，背着石头咋能登山呢？”

年轻人闻言一愣，忽觉心中一亮，向大师道了谢走了。之后，他一心做学问，进步飞快，最终成为一名大学问家。人要有所得必要有所失，只有学会放弃，才有可能登上人生的极致高峰。

不能全部享有，就选择最需要的那部分。

在人们越来越习惯动辄高呼残酷竞争时，其实学会“放下”的意义就越大。正仿佛当你遭遇灭顶挫折时，不妨手搭凉棚，你一定会发现：天并不会塌下来。这并不是不求上进，恰恰在于懂得放下的人，才最终会赢；而整日忙碌不休的人，收获的往往只是焦虑和疲惫。

放弃是对勇气和胆识的考验

也许人生的过程就是一个不断放弃，又不断得到的过程。关键是要学会放弃，因为放弃，也是人生的一种选择。放弃意味着什么？放弃是一种勇气，但放弃绝不是对自己的背叛，放弃自私，放弃虚伪，你就会变得高尚，你生活的天空将是晴空万里。放弃一段缥缈的感情，你就会变得踏实，如释重负，轻轻爽爽。

放弃，不是怯懦，不是自卑，也不是自暴自弃，更不是陷入绝境时渴望得到的一种解脱，而是在痛定思痛后做出的一种选择。

放弃，不是退避，是一种贮藏，贮藏更大的勇气。所谓“大丈夫能屈能伸”，“能屈”不是懦弱，是一种长远的策略，是为了“伸”得更远。

曾经有这样的一句话：“没有遗憾的人生才真该有遗憾！”让人感触颇深，也许人生本就是这样的。放弃悲伤，你将收获快乐；放弃痛苦，你将获得幸福；放弃寒冷，你将收获温暖。有时候，人确实应该学会放弃，毕竟这个世界上有许多东西，并不属于自己。它匆匆而来，而后又匆匆消失。为什么一定要去挽留，有些事、有些人，是我们欲留而又留不住的。曾经拥有也是一种美，那一段的回忆，可以让我们用一生的时间去回味。世上的一切本身就充满了各种矛盾，你不可能同时拥有你想要的一切，只有放弃一些，你才能得到一些。

人生面临许多选择，而选择的前提是懂得放弃，放弃的正确，即是选择的成功。放弃并不是消极地放手，而是需要睿智的思想和博大的胸怀。放弃，不是噩梦方醒，不是六月飞雪，也不是逃避，更不是偃旗息鼓、甘拜下风，而是在发现了对与错、真与伪、善与恶、美与丑之后做出的一种选择。

放弃那些力所不及、不切实际的幻想，放弃盲目扩张的欲望，放弃那些我们不想拥有的和那些对自己毫无意义的、甚至有害的东西，放弃一切该放弃的东西，瞄准自己的目标，全力以赴，努力拼搏，才会成就一番大事业。

曾经有种感觉，想让它成为永远。过了许多年，才发现它已渐渐消逝了。才知道原来握在手里的，不一定就是我所想真正拥有的；我所拥有的，也不一定就是我真正铭刻在心里的。人生很多时候需要自觉地放弃，因为世间还有太多美好的事物。

追两只兔子的人，终会一无所获

有一个很有趣的故事。这个故事的大意是这样的，北方来的一条猎狗，追赶一只兔子，追到荆州时，看中另外一只兔子，于是这条猎狗对两只兔子同时追起来，一直追到赤壁。两只兔子为求自保，联合起来对付这条嚣张的猎狗。在赤壁这个地方，两只兔子狠狠地打了一顿猎狗，猎狗被打后狼狈地逃回北方，两只兔子从此获得了新生。这里说的或许就是赤壁之战。

我们站在现今的立场来看这条猎狗时，发现这条猎狗犯了好几个错误。

这条猎狗从北方一路赶来追兔子时，捎带着拣了些骨头，把荆州得了去，迫使这只兔子不得不逃。即使如此，这只兔子在当阳还是被猎狗咬了一口，带着伤的兔子继续逃跑。按理来说，猎狗应该对这只兔子穷追猛打，一直把兔子咬在嘴里，叼回家才是，这才符合基本规律。

这个时候，戏剧性的事情发生了。猎狗眼里出现了另一只兔子，这条猎狗不去追已经受伤的兔子，反过头来追这只刚发现的兔子。受伤的兔子赶紧找到刚被追的兔子，两只兔子一合计，决定一起对付这条疯狂的猎狗。

猎狗在拣了便宜后，应该好好地把骨头啃一啃，养养精神，再去追兔子也不迟，在自己没有吃饱的情况下，继续追赶兔子，最后反而被两只兔子算计了一番，一只兔子也没有吃到，捎带着的连骨头也被兔子抢了一半去。

事实上，我们中的很多人，在笑话这条猎狗的时候，自己不知不觉中也成了这条猎狗。

我们无须再对猎狗的错误做过多的分析了，其实，这条猎狗的失误就在一个非常简明的数学逻辑上：1÷2＝50％。试想，一条狗同时追两只兔子，就不仅仅是分心的概念了，50％的成功率，基本上等于半途而废。

人尽管有两条腿，但只能走一条路。再厉害的人，哪怕他会分身术，也只能活上一辈子。从数学逻辑上看，人生的成败就决定于对追寻目标的把握上——人的一生若除以唯一的目标，成功率就是100％；人的一生若除以两个目标，成功率就成了50％；以此类推，追求的目标越多，成功的几率越小，人生之路、事业的追求也就越渺茫。

当然，人生若是连一个目标也没有，那就更悲哀了——一辈子除以零目标，人生就变得毫无意义了。

人生的得失与成败、人和人之间的差距和区别，往往就取决于1÷1、1÷2、1÷3这么简单的数学逻辑上。大凡出类拔萃者，多是目标始终如一的人。奇怪的是，在现实生活中，绝大多数的人们都把小学时就学的简易除法给忘了，拿单一的人生除以杂七乱八的追寻和欲望，使自己的成功率（也就是除法得数的商）一再变小，直至迷失了自我、虚度了人生。

因此，如果你真想追到兔子的话，那么，你千万不要同时去追两只不同方向跑的兔子，尽管你追到了一只，会很遗憾另一只跑了，但你真正应该庆幸的是，你没有两只都追，否则，你遗憾的就不是另一只跑了，而是一只也追不到！

不管红尘世俗的生活如何变迁，不管个人的选择方式如何，更不管握在手中的东西轻重如何，我们虽逃避也勇敢，虽伤感也欣慰！我们像往常一样向生活的深处走去，我们像往常一样在学会放弃，又更加坚定。

放弃，有时就是最好的选择

英国著名诗人济慈本来是学医的，后来发现了自己有写诗的才能，就当机立断，放弃了医学，把自己的整个生命投入到写诗当中去。他虽然只活了二十几岁，但他为人类留下了许多不朽的诗篇。马克思年轻时曾想做个诗人，也曾经努力写过一些诗(就是后来他自称是胡闹的东西)，但他很快就发现自己的长处和兴趣并不在这里，便毅然放弃做个诗人的梦想，转到社会科研上面去了。如果他们两个人都没认清自己，没有找准自己的位置，那么英国至多不过增加了一位庸医，而在国际共产主义运动史上，也肯定要失去一颗璀璨耀眼的明星。

伽利略是被送去学医的。但当他被迫学习解剖学和生理学的时候，他却学习着欧几里得几何学和阿基米德数学，偷偷地研究复杂的数学问题，当他从比萨教堂的钟摆上发现钟摆原理的时候，他才刚满18岁。

罗大佑的《童年》、《恋曲1990》等经典歌曲影响和感动了一代人。罗大佑起初是学医的，后来他发觉自己对音乐情有独钟，所以他弃医从乐，他的选择是对的。

俄罗斯著名的男低音歌唱家奥多尔夏里亚宾19岁的时候，来到喀山市的剧院经理处，请求经理听他唱几支歌，让他加入合唱队。但他正处在变声阶段，结果没被录取。过了些年，他已成了著名歌唱家。一次他认识了高尔基，与作家谈起了自己青年时代的遭遇。高尔基听了，出乎意料地笑了。原来就在那个时候，他也想成为该剧团的一名合唱演员，而且……被选中了！不过，很快他就明白，他根本没有唱歌的天赋，于是又退出了合唱队。

离斯特拉福德镇不远处有一座贵族宅邸，主人是托马斯·路希爵士。有一天，刚20出头的莎士比亚伙同镇上的几名好事之徒，扛着武器溜进爵士的花园，开枪打死了一头鹿。结果莎士比亚被当场抓住，在管家的房间里被囚禁了一夜。莎士比亚在这一昼夜间受尽侮辱，释放后便写了一首尖刻的讽刺诗，贴在花园的大门上。这下子惹得爵士火冒三丈，扬言要诉诸法律，严惩那写歪诗的偷鹿贼。于是诗人莎士比亚在家乡呆不下去了，只好走上去伦敦的路。正如作家华盛顿·欧文所说："从此斯特拉福德镇失去了一个手艺不高的梳羊毛的人，而全世界却获得了一位不朽的诗人。"

一个人要学会放弃，放弃你不想做的事；一个人要学会选择，选择你喜欢并擅长做的事。只要你在自己的人生道路上，找到适合自己的人生坐标，你就能够充分发挥自己的聪明才智，改变你自己的命运，从而到达成功的彼岸。

放弃是一种大智慧。为自己算账，人们都喜欢用加法：职位的提高、财富的增加、经验与知识的积累等等，因为汲取和获得更容易让人有满足感。但是人生也需要——在特定的时候甚至更需要减法，掂量一下肩头、心头的分量，你是否觉得太沉重？那么，何不来个大扫除，为自己清仓，放弃不必要的拖累。

舍弃眼前的诱惑，才有最后的辉煌

在人的一生中，会经常遇到要为顾全大局而牺牲局部的情况。我们必须不断地权衡轻重得失，以决定牺牲的分量和等级。

为了工作，我们可以牺牲娱乐；为了孩子，我们可以牺牲睡眠；为了保全生命，我们可以抛弃身外之物。但是当我们遇到比生命更宝贵的事物时，则不得不牺牲生命。如果不懂得这一道理，其后果将是不堪设想的。

1846年10月，多纳尔家族一行87人在前往加州的路上被大雪阻隔，他们被困在关口里。40天后，有一半的人陆续死于饥饿和疾病。

最后，终于有两个人决定出去求援。他们在徒步可及的范围之内，很快就到达了一个村庄，并带回一个救援队，使其他幸存者得以获救。

你是否觉得好奇，在面临饥饿和死亡的状态下，他们为什么等待了40天，才决定放弃那个地方？为什么没有人愿意冒险出去求援？原因很简单——他们不愿意放弃身边的财产。

他们曾试图把马车和财物拖走，结果搞得筋疲力尽却徒劳无功，只好作罢。就这样任由大雪围困在关口，直到耗尽所有的食物和供给。

想想看，我们是否也经常陷入这种“关卡”呢？由于害怕失去既有的社会地位、丰厚的收入、漂亮的办公室以及握在手中的权力，多少人放弃了新工作的挑战，宁可守着一份并不喜欢的工作，虚度数十年的光阴。

当你的生命越是往前走，你就聚积越多的包袱和负担——财产、名位、习惯、人际关系、应该做的、必须做的……不断地增加，于是更加依恋这熟悉的一切，舍不得放下。由于害怕失去拥有的一切，多少人不愿意冒险、恐惧突破，不敢离开那种一成不变的生活，以致平凡无趣地走完一生。

这也就是为什么有那么多人宁可留在熟悉的地狱，也不愿走进陌生的天堂。为何有那么多人把自己困在无形的牢笼内，而无法走出生命中的“多纳尔关口”的原因。

大名鼎鼎的日本东芝公司在上世纪六七十年代曾有过不良记录，当时经济萧条，日本局势风雨飘摇，偏偏这时，东芝公司高层的某些人不思进取，整日困于酒食，饱食终日，不思进取，业绩一落千丈。高层的行为影响全公司，整个东芝一时弥漫着一股奢靡腐朽的死亡气息。

土光敏夫改革东芝的主要手段便是“撤其酒食”，强行命令下属戒掉贪图享受、不思进取的恶劣风气。东芝由此才又慢慢走上正轨。

此事非常值得中国企业与企业家借鉴，很多人在赚了一笔小钱后马上就去挥霍享受，完全一副暴发户的没出息样。不改掉这一恶习，必无大成就。

小溪放弃平坦，是为了回归大海的豪迈；黄叶放弃树干，是为了期待春天的葱郁。蜡烛放弃完美的躯体，才能拥有一世光明；心情放弃凡俗的喧嚣，才能拥有一片宁静。要想得到野花的清香，必须放弃城市的舒适；要想得到永久的掌声，必须放弃眼前的虚荣。放弃了蔷薇，还有玫瑰；放弃了小溪，还有大海。放弃了一棵树，还有整个森林；放弃了驰骋原野的不羁，还有策马徐行的自得。

弯路上往往有更美的风景

在生活中，以正统方法做事不起作用时，就该运用发散思维，打破常规，这样做反而可以出奇制胜。

鲁迅先生曾说过这样一句话：“其实世上本没有路，走的人多了，也便成了路。”而世间之路又有千千万万，综而观之，不外乎两类：直路和弯路。

毫无疑问，在人生的征程中，大多数的人都愿走直路，沐浴着和煦的微风，踏着轻快的步伐，踩着平坦的路面，这无疑是一种享受。相反，没有人乐意去走弯路，因为在一般人眼里，弯路曲折艰险而又浪费时间。然而，人生的征程中却总是弯路居多，山路弯弯，水路弯弯，人生之路亦弯弯，只会走直路的人，恐怕一遇上弯路就傻眼了。因此，要想猎取到真正的成功，每一个人都要学会绕道而行、曲折前进。

学会绕道而行，迂回前进，适用于生活中的许多领域。比如当你用一种方法思考一个问题和做一件事情，遇到思路被堵塞之时，不妨另用他法，换个角度去思索，换种方法去重做，也许你就会茅塞顿开，豁然开朗，有种“山重水复疑无路，柳暗花明又一村”的感觉。

在一次欧洲篮球锦标赛上，保加利亚队与捷克斯洛伐克队相遇。当比赛只剩下8秒钟时，保加利亚队以2分优势领先。一般说来已稳操胜券，但是，那次锦标赛采用的是循环制，保加利亚队必须赢球超过5分才能取胜。可要用仅剩下的8秒钟再赢3分又绝非易事。

这时，保加利亚队的教练突然请求暂停。当时许多人认为保加利亚队大势已去，被淘汰是不可避免的，该队教练即使有回天之力，也很难力挽狂澜。然而等到暂停结束比赛继续进行时，球场上出现了一件令众人意想不到的事情：只见保加利亚队拿球的队员突然运球向自家篮下跑去，并迅速起跳投篮，球应声入网。这时，全场观众目瞪口呆，而全场比赛结束的时间到了。当裁判员宣布双方打成平局需要加时比赛时，大家才恍然大悟。保加利亚队这一出人意料之举，为自己创造了一次起死回生的机会。加时赛的结果是保加利亚队赢了6分，如愿以偿地出线了。

如果保加利亚队坚持以常规打完全场比赛，是绝对无法获得真正的胜利的，而往自家篮下投球这一招，颇有迂回前进之妙。在一般情况下，按常规办事并不错，但是，当常规已经不适应变化了的新情况时，就应解放思想，打破常规，以奇招怪招来制胜。只有这样，才可能化腐朽为神奇，取得出人意料的胜利。

《孙子兵法》中说：“军急之难者，以迂为直，以患为利。故迂其途，而诱之以利，后人发，先人至，此知迂直之计者也。”这段话的意思是说，军事战争中最难处理的是把迂回的弯路当成直路，把灾祸变成对自己有利的形势。也就是说，在与敌的争战中迂回绕路前进，往往可以在比敌方出发晚的情况下，先于敌方达到目标。

美国硅谷专业公司曾是一个只有几百人的小公司，面对竞争能力强大的半导体器材公司，显然不能在经营项目上一争高低。为此，硅谷专业公司的经理决定避开竞争对手的强项，并抓住当时美国“能源供应危机”中节油的这一信息，很快设计出“燃料控制”专用硅片，供汽车制造业使用。在短短 5 年里，该公司的年销售额就由200万美元增加到2000万美元，成本由每件25美元降到4美元。由此可见，虽然经商者寻求的是不断增加盈利，然而在激烈的竞争中每前进一步都会遇到困难，很少有投资者能直线发展，因此迂回发展也是大多数经商者所必须要走的共同道路。

在日常生活和工作中，我们也应有迂回前进的观念，凡事不妨换个角度和思路多想想。世上没有绝对的直路，也没有绝对的弯路。关键是看你怎么走，怎么把弯路走成直路。有了绕道而行的技巧和本领，才能在每一次人生出击中避开非赢即败的“老规矩”，从而顺利打通另一条成功的途径。

绕道而行，并不意味着你面对人生的红灯而退却，也并不意味着放弃，而是在审时度势。大路车多走小路，小路人多爬山坡，以豁达的心态面对生活，这样在人生的战场上，你将永远是一个出色的士兵，一个能够每次都拥抱胜利的成功者。

学会绕道而行，拨开层层云雾，便可见明媚阳光。也许你曾经奋斗过，也许你曾经追求过，但你认定的路上却红灯频频亮起。你焦急，你无奈，你恨天，你怨地，但为什么就不能绕道而行呢？

放弃不是失败，只是暂时停止成功

古往今来，学会放弃的典故不胜枚举。清朝时，有位叫张英的人在京城为官。一天，他接到家中老母来信，说家里盖房子为一堵墙与邻居发生争执，希望他能出面把问题解决了。张英接信后回了一首诗：“千里捎书为一墙，让他三尺又何妨。万里长城今犹在，不见当年秦始皇。”张母读后觉得有道理，于是主动退让。这个故事至今还传为美谈。有些人为了实现自己的理想，甚至放得下生死，民族英雄文天祥为此留下了“人生自古谁无死，留取丹心照汗青”的千古绝唱。

尽管人生奋斗的目的是获得，但有些东西却是不能不学会放弃的，比如功名、利禄、美色……学会放弃，在深秋时可以感受到夏天的热情，春天的柔情，冬天的真情。但是，放弃并不是悲观失望的退却，而是“扬弃”。

学会放弃，是放弃那种对不切实际的幻想和难以实现的目标，而不是放弃为之奋斗的过程和努力；是放弃那种毫无意义的拼争和没有价值的索取，而不是丧失奋斗的动力和生命的活力；是放弃那种对金钱地位的搏杀和奢侈生活的创造，而不是失去对美好生活的向往和追求。

面对纷繁复杂的世界和物欲横流的社会，懂得放弃的人，是会用乐观、豁达的心态去对待没有得到的东西的，他们每天都有快乐和愉悦的心情伴随左右。而不懂得放弃的人，只会焦头烂额地乱冲，他们不仅最终未能达到目标，而且每天都陷于得失的苦恼之中。

也许在放弃当时是痛苦的，甚至是无奈的选择，但是，若干年后，当我们回首那段往事时，我们会为当时正确的选择感到自豪，感到无愧于社会、无愧于人生。也许正是当年的放弃，才到达今天的光辉顶点和成功彼岸。所以，放弃不是失败，只是暂时停止成功。

有一首老歌，歌词最后几句是这样的："原来人生必须要学会放弃，答案不可预期；原来结果最后才能看得清，来来回回何必在意。"是啊，人生在世，何惧放弃。

人生就是选择，而放弃正是一门选择的艺术，是人生的必修课。没有果敢的放弃，就没有辉煌的选择。与其苦苦挣扎，拼得头破血流，不如潇洒地挥手，勇敢地选择放弃。歌德说："生命的全部奥秘就在于为了生存而放弃生存。"

懂得放下，才能收获更多

佛陀在世时，有一位名叫黑指的婆罗门来到佛前，他每手各拿了一个花瓶，前来献佛。

佛陀对黑指婆罗门说："放下！"

黑指婆罗门把他左手拿的那个花瓶放下。

佛陀又说："放下！"

黑指婆罗门又把他右手拿的那个花瓶放下。

然而，佛陀还是对他说："放下！"

这时黑指婆罗门说："我已经两手空空，没有什么可以再放下了。请问现在你要我放下什么？"

佛陀说："我并没有叫你放下你手中的花瓶，我要你放下的是你的六根、六尘和六识。当你把这些统统放下，你将从生死桎梏中解脱出来。"

黑指婆罗门这才了解了佛陀所说的"放下"之道理。

"放下"，这是非常不容易做到的，往往有了功名，就对功名放不下；有了金钱，就对金钱放不下；有了爱情，就对爱情放不下；有了事业，就对事业放不下。

我们在肩上的重担，在心上的压力，岂止手上的花瓶？这些重担与压

力，可以说使人生活得非常艰苦。必要的时候，佛陀指示的“放下”不失为一条幸福解脱之道！

我们常说：“拿得起，放得下”，其实，所谓“拿得起”，指的是人在踌躇满志时的心态，而“放得下”，则是指人在遭受挫折或者遇到困难时应采取的态度。范仲淹说“不以物喜，不以己悲”，有了这样一种心境，就能对大悲大喜、厚名重利看得很小、很轻，自然也就容易“放得下”了。

有一个名叫秦裕的奥运会柔道金牌得主，在连续获得203场胜利之后却突然宣布退役，而那时他才28岁，因此引起很多人的猜测，以为他出了什么问题。其实不然，秦裕是明智的，因为他感觉到自己运动的巅峰状态已经过去，而以往那种求胜的意志也迅速减退，这才主动宣布退役，去当了一名教练。应该说，秦裕的选择虽然有所失，甚至有些无奈，然而，从长远来看，这也是一种如释重负、坦然平和的选择，比起那种硬充好汉者来说，他是英雄，因为他消失于人生最高处的亮点上，给世人留下的是一个微笑。

一个职务、一种头衔，自然意味着一个人在社会上所取得的成就和地位，它的意义是不言而喻的。但是，凡事都有一个度。适可而止，于是心定，定而后能静，静而后能安，安排既定，自能应付自如，就不会既忙且乱了。在生活中，很多时候，懂得放下才能收获更多。

成功并不总是青睐那些死守一个真理的执著者，还格外偏爱那些懂得适时放弃的聪明人。要想达到自己的目标，我们固然要“拿得起”；但与此同时，当我们发现“此路不通”时，也要学会及时地放下。片面地偏向任何一点，生命的天平都有可能发生难以控制的偏斜，到时再补救就来不及了。

第八章
行事简单：按照自己的方式去处理问题

人不应该让人生空留许多遗憾，甚至在垂暮之年的时候，还是一个侃侃而谈的空想家，应当有当机立断的精神！不要等待，不要空想，才有成功的希望；不要等待，不要空想，才有无限的未来！

我们都听过这么一首歌：“不经历风雨，怎么见彩虹，没有人能随随便便成功。”是的，没有人能随便成功，即便你是一个天才。把这句歌词拿到人生上来理解，就是每个人都应该努力奋斗，扎扎实实，苦干加实干。不能做“黄粱美梦”。不要苦想而去等待，去行动吧！人生的缺憾，往往是该在意的时候没有在意，该去做的时候没有去做而造成的。

人生伟业的建立，不在能知，乃在能行

没有智慧的知识是没有用处的，但拥有知识和智慧而没有行动，也同样没有用处。

人大都很懒，很多人知道每一样东西只有使用才能更好地起作用，过多的准备将成为无限期延缓行动的一个借口。因此，你必须避免陷入对计划与战略设计的迷恋中。

我们这个世界缺少实干家，而从来不缺少空想家。那些爱空想的人，总是有满腹经纶，他们是思想的巨人，却是行动的矮子。这样的人，只会使我们的世界越来越混乱，而不会创造任何的价值。

几年前，有个很有才气的教授想写一本传记，专门研究几十年前一个让人议论纷纷的人物轶事。这个选题既有趣又少见，真的很吸引人。这位教授知道的很多，他的文笔又很生动，这个计划注定会替他赢得很大的成就、名誉与财富。一年过后有人无意中提到那本书是不是快要大功告成了，谁知道，老天爷，他根本就没有写！他犹豫了一会儿，好像正在考虑怎么解释才好，最后终于说太忙了，还有许多重要的任务要完成，因此自然就没有时间写了。

生活中，有很多人与这位教授十分相似，他们有很好的想法与规划，有十分美好的理想与愿望，可是没有用实际行动来实现它。即使是再美好、再有价值的东西，也是胎死腹中，令人惋惜。

踏实肯干的人总是早早行动。如果你想成就一番伟业，在确立你远大的目标之后，就要静下心来，认认真真、脚踏实地地做你该做的事情。在通往成功的路上，你不要梦想一步登天，如果基础不扎实，那么，你的奋斗目标则无异于空中楼阁。所以，真正聪明的人，就是一步一个脚印地走着，用自己的行动构筑成功的基石。

有的人也知道为目标去行动，可是怀有“等”、“靠”的心理，有拖拉的习惯，总是不着急、不着慌，悠哉悠哉，今天完不成，还有明天、后天。其实这种做法，只能把工作越堆越多，导致明天的任务也完不成。久而久之，整个计划都会泡汤。

当你下决心做事时，一定要立即行动，上天不会因为你美好的想像而送你一张馅饼。

数年前3月的一个晚上，成功学大师克里曼·斯通在墨西哥城访问弗兰克和克劳迪娅夫妇。

克劳迪娅谈道：“我盼望我们在加丁区(加丁区是墨西哥城最令人向往的地方)能够有一所房子。”

斯通问：“你们为什么还没有呢？”

弗兰克哭了，答道：“我们没有这笔钱。”

斯通说：“如果你知道你想要什么，穷又有什么关系呢？”

弗兰克没有回答。

斯通又提出一个问题：“顺便说一下，你是否读过一本激励人的励志书，例如《思考致富》、《积极思考的力量》、《你的潜能》、《信心的魔力》等？”

他们回答：“没有。”

于是，斯通就告诉他们一些成功人士的经历：这些人知道他们想要什么，读了一些励志书，听从书中的意见，然后就行动。迈出第一步后，他们继续坚持努力，最终获得了他们所追求的东西。

斯通还告诉弗兰克夫妇几年前他自己的情况：用首次付款为1500美

元的分期付款，购买了一所价值120万美元的新房子，以及如何按期付清了房款。斯通送给了他们一本他所推荐的书。弗兰克和克劳迪娅下定了决心。

当年的12月，当斯通正在家中休息时，接到了克劳迪娅打来的电话。她说："我们刚从墨西哥城来到美国，弗兰克和我所要做的第一件事就是感谢你。"

斯通感到诧异："感谢我，为什么？"

"我们感谢你，因为我们在加丁区买了一所新房子。"

几天后，在请斯通吃饭时，克劳迪娅解释说："在一个星期六的傍晚，弗兰克和我正在家里休息，有几位从美国来的朋友打电话，要我们用汽车把他们送到加丁区去。恰好那个时候我们都相当疲乏了，弗兰克正准备拒绝时，书上的一句话闪现于他脑中：'迈出第一步。'于是我们决定用汽车送他们到那里。当我们用汽车送他们通过这人造的天堂时，我们看见了自己梦寐以求的房子——甚至还有我们所渴望的游泳池。我们买了它。"

弗兰克说："你可能很想知道，虽然这个房产的价值超过50万比索，而我们的存款只有5000比索，但我们住在加丁区新居的费用比住在旧居的费用还要少些。"

"这是为什么呢？"

"因为我们买了两套房间，它们在财产上相当于一所房子。我们将其中的一套租了出去，那套房间的租金足以偿付整个房产的分期付款。"

这个故事并不十分惊人，一个家庭买了两套房间，自住一套房间，这是很普通的事情。使人感到吃惊的是：一个没有经验、没有背景，甚至没有资金当本钱的人，只要听从大师的一些建议，然后付诸行动就能轻易得到他所想要的东西。

"纸上谈兵"的人表面看起来夸夸其谈，其实最终只能落个笑柄。我们要牢记：没有智慧的知识是没有用的，而没有行动的智慧也是毫无价值的。活着，不仅是要思考，更多的是要行动。

只要去做，没有不可能

“Nothing is impossible！”这是一句广告语，但是其意义远远超过广告本身。每当望见巨大的广告牌映入眼帘，都会使人情不自禁地放慢脚步，并对自己喃喃地念一遍：Nothing is impossible！然后，阔步前进。这句话就仿佛像是句咒语，象征着补充力量和勇气的咒语。“没有不可能”，就是令人神往的种种“可能”。

谈到“不可能”这个观念，不禁让人想起成功学家拿破仑·希尔使用的奇特方法。年轻的时候，他抱着成为一名作家的理想，为实现这个梦想，他知道自己必须精于遣词造句，而字就是他的工具。但是，由于家境贫穷，希尔接受的教育并不完整。因此，“善意的朋友”就告诉他，说他的雄心是“不可能”实现的。

年轻的希尔并没有放弃，反而更加立志实现雄心壮志，他存钱买了一本最好、最完整、最漂亮的字典，他所需要的字都在这本字典里面，而他立志要完全了解、掌握和运用这些字。但是他首先却做了一件非常奇特的事情，他找到“不可能”（impossible）这个字，用小剪刀把它剪下来，然后丢掉。于是他有了一本没有“不可能”的字典。此后，他把所有的事都建立在这个前提下，对一个渴望成长、想超越别人的人来说，没有什么事是“不可能”的。

当然，不建议你也从你的字典中把“不可能”这三个字剪掉，只是建议你从你的头脑中把这个观念铲除掉。谈话中不要提到它，想法中要排除它，态度中要除掉它。无情地抛弃“不可能”，不再为它提供各种理由，不再为它寻找任何借口。把这个字和这个观念永远抛开，用光明灿烂的“可能”（possible）来代替它。而“可能”这两个字的意思也就是——你认为你行，你就行。

Impossible是“不可能”的意思，但是世间没有绝对的“不可能”，只要你认真去做，那么Impossible（不可能）就会变成I'm possible（我是可能的）。千万不要简单地看待它，它将使山重水复变成柳暗花明，只要你主观上去努力、去实现，没有什么不可能。

1986年，在墨西哥奥运会的百米赛道上，美国选手吉·海因一举突破了10秒大关，创造了当时人们认为不可能的9.9秒的世界记录。这时，吉·海因说了一句话，“上帝啊，那扇门原来是虚掩着的！”只要你愿意，一定有一扇门随时为你打开，只要你努力去做，你就一定能把那扇门打开。

当阿里第一次走入拳击栏，瘦弱的他令观众认为不出5个回合就会被打趴下。然而，就是这个不起眼的年轻人，在一生的61场比赛中，创造了56胜5负的拳坛神话，成为拳击史上第一位三度夺得世界重量级冠军、获得“20世纪最伟大运动员”荣誉的拳王。他说过一句话：“‘不可能’只是别人的观点，是挑战，绝非永远。”

当莱拉·阿里出现在拳击场上时，再度演绎了又一个“挑战不可能”的故事。“我想我面对的最大挑战就是：成为莱拉·阿里，而不是永远被人称为穆罕穆德·阿里的女儿。我的父亲是个大男子主义，他甚至不喜欢我穿短裤和运动衣。但是，我从不认为女人和拳击是一对矛盾。我想成为一名战士，同时也是一个让人激动不已的漂亮女人。”莱拉·阿里这样解释自己的选择。

至于她的父亲老阿里，每次看完女儿的比赛，都会对她说：“你是最优秀的！”现在，莱拉·阿里已经赢得了世界冠军。面对荣誉，她这样回答：“有人说女人不该打拳击时，你认为我会怎么做？是的，没错！我现在是世界上最知名的也是最优秀的女战士。当人们走向我，告诉我他们受到了鼓舞，我使他们相信‘没有不可能’时，我的心情棒极了！那让我感觉到自己的意义，我必须继续做得更好。”

许多人喜欢在还没有做一件事之前就先给自己泼了冷水，“做不到”“不可能”“没办法”……如果爱迪生觉得“不可能”，怎么可能成为发明大王？如果莱特兄弟觉得“不可能”，怎么发明了飞机？如果杨致远觉得“不可能”，怎么创立了雅虎？……

完成不可能的超越，才是最华彩的生命乐章。男人如此，女人亦如此；富人如此，穷人更是如此。一个成功者的一生，必定是与风险和艰难拼搏的一生。许多事情看似不可能，其实只是功夫未到。

要想成功，你必须要有勇气去做你想做的事，在你的生活里把“不可能”这三个字排除掉，你要相信自己一定也能登上成功之巅。

只要你不认输，就有机会！

在成功的道路上，虽然布满坎坷、荆棘，但是没有不能攻克的难关。只要有勇气去面对，行动起来，谈话中不提它，想法中排除它，态度中摒弃它，不再为它提供温床与“原料”，不再为它寻找“市场”，而用“可能”来代替它，那么，你一定能实现你的理想，你的目标。

记住这句话吧：只要去做，就没有不可能（Nothing is impossible）。

要走一条有自己特色的道路

也许上帝创造万物之时，就已注定了各自有各自的命运。因而，有了花儿定要绽开笑脸斗芳菲的美景；有了飞蛾扑火自取灭亡的壮举；有了人类为生活而去操劳的一生。我们既不是花儿，也不是飞蛾，我们是自己，所以，我们要走自己的路，过自己的生活。

一个人要想有所成就，就不能墨守成规，甘于吃别人嚼过的馍，对于家长、专家、权威们唯唯诺诺、亦步亦趋，而必须勇于跨越雷池，走出属于自己的新路。

黛比从小就非常渴望得到父母的赞扬和鼓励，但由于兄妹很多，父母根本顾不上她。这种经历使她长大以后依然缺少自信心。尽管她嫁给了一个非常成功的丈夫，但美满的婚姻并没有改变她缺乏自信心的状态。

直到有一天，她突然意识到必须选择一条属于自己的新路，否则就会庸碌无为地度过一生。她对自己的父母和丈夫说：“我准备去开一家食品店，因为你们总是说我的烹调手艺有多么了不起。”

她的父母和丈夫都告诉她说：“这真是一个荒唐的主意。你肯定要失败的，这事太难了，快别胡思乱想了。”但这一次，黛比没有听从他们的劝阻，而是毅然采取了实际行动。

生意刚开始的时候的确很艰难，食品店开张的那一天，竟然没有一个顾客光临。黛比几乎被冷酷的现实击垮了，看起来自己似乎必败无疑，她几乎相信父母和丈夫的看法是对的。

不过，黛比终于没有退缩。她决定坚持下去，并一反平时羞涩的窘态，端起一盘刚刚烘制好的食品到她居住的街区，请每一位过往的人品尝。这样做的结果使她越来越自信，因为所有品尝过她的食品的人都认为味道非常好。

今天，“黛比·菲尔茨”的名字已经出现在美国数以万计的食品商店的货架上，她的公司“菲尔茨太太原味食品公司”，也已经成长为美国食品行业中最成功的连锁企业之一。

当然，你决定走新路的时候，一定会面对各种各样的困难。有时候，连你最亲近的家人和朋友也会联合起来给你泼冷水，反对你。你必须勇敢地坚持己见，只要你能用自己的实际行动取得成功，证明自己是正确的，反对声自然就会烟消云散了。

著名作家王尔德说：“只有缺乏想像的人，做事才会一成不变。”所以你不要墨守成规，总是过着单调、乏味而且与成功无缘的日子。你可以尝试着从一点一滴改变自己，不要在6点5分起床，而要在5点6分起床；开车上班时，找一条新路；周末不再加班，陪妻子、孩子一起去公园散散步……要跳出常规，因为我们只能活一生。

勇于开始，才能找到成功的路

“不行动，毋宁死。”只有开始行动，人生才有价值，智慧才能变成财富。

一个人或者一个企业能否成功，能否在短期内发生深刻的变化，主要体现在行动、技术、修养、世界观和自我认识五个层次上。而行动，必须而且总是第一位的。要想成功，现在就要行动；发现机会，现在就要行动，“我的幻想毫无价值，我的计划渺如尘埃，我的目标难以达到，一切的一切毫无意义——除非我们付诸行动”。总之，一切的一切，马上付诸行动才是最重要的。

许多人总是长吁短叹，认为自己之所以没有富起来，主要原因就是没有发财的机遇。其实，我们不妨对比一下那些致富者，你就可以发现，机遇在大多数时候是同时降临在许多人身上的，只不过是有人犹豫了一下，而有人却立即行动了而已。

20世纪70年代的一天，亚默尔肉食加工厂的老板亚默尔拿起报纸浏览。每天清晨通过报纸了解国内外的新闻并从中寻找商机，这是他事业成功的主要秘诀。“墨西哥发现了怀疑是牲畜瘟疫的病案！”这是一则几十个字的短消息，它使亚默尔两眼放光：如果那儿真的发生了牲畜瘟疫，必然就会越过国界，传染到与之接壤的美国加利福尼亚和得克萨斯两个州，而这两个州是美国肉类产品的主要供应地。以后肉类供应就会紧张，肉价就会猛涨！

机会来了！“我必须马上行动！”亚默尔派了自己的医生亨利专程到墨西哥调查这件事的真实情况。亨利医生发回的电报大大地出乎意料：“疫情比报道严重得多，牲畜已经大批死亡。”亚默尔接到电报后，立即调动大笔资金在加州和得州大量收购牛和生猪，并火速运送到东部。

果然，瘟疫很快就蔓延到了美国西部的几个州，政府下令禁止这些州的肉类运出，国内的肉类供应陡然变得紧缺，猪肉和牛肉的价格飞一般暴涨。亚默尔于是赶紧把以前购进的牛肉和猪肉抛售出去，短短几个月，他就净赚了900万美元。

犹太人曾说过：人的一生中，有三种东西不能使用过多，作面包的酵母、盐、犹豫。酵母放多了面包会酸，盐放多了菜会苦，犹豫过多则会丧失赚钱和扬名的机会。

有过类似经历的人都知道，机遇来得突然，走得迅速，可以说是稍纵即逝。要想跟上它的脚步，只有勇敢地迈开自己的步伐，行动起来，才有可能追赶上它。

如果要挖井，就要挖到水出为止

人的一生，是需要用成功来支撑的。可是只有少数成功的幸运儿。人们往往虔诚而又谦卑地讨教成功的经验，当知道主要的答案是“坚持”二字时，好多人都叹息自己为什么没有坚持呢？譬如，挖掘一口水井，挖了九成九，还没有发现泉水，于是自己就放弃了，那么过去的努力也白费了。

古希腊大哲学家苏格拉底，曾经给他的学生出过一道“坚持”的考题，用来说明他的哲学思想。有一天，他对学生说：“今天，我们只学习一件最简单的事，也是最容易做的事，那就是把你们的手臂尽量往前甩，再尽量往后甩。”在自己示范了一遍以后他又说：“是不是很简单？但是，从现在开始，大家每天都做300次。”学生们感到这个问题太可笑了，纷纷猜测老师下一步到底要干什么，见他没有其他目的后，就马上连声回答：“能、能！”一月后，苏格拉底问：“哪些同学坚持做了？”这时有90％以上的学生骄傲地举起了手。两个月后，当他再次发问，能够坚持下来的只有80％。一年后，他再次问道：“还有哪些同学坚持每天做？”教室里只有一个同学举起了手。举手的人就是后来成为古希腊大哲学家的柏拉图。

我们都知道，万事开头难。的确，好的开始等于成功了一半。但是，行动最重要的还在于持之以恒，不能虎头蛇尾就完了，半途而废的人最终不会做成任何事情。

一件事从头到尾，也许过程并不会非常顺利，可能其中会遇到一些困难、挫折，也或者由于你个人的原因导致事情被耽搁、被延误。这时候，你是打算继续把它做下去，还是做到哪里算哪里，就这么算了呢？

其实很多时候，很多的人总是在做下去还是放弃之间摇摆不定。一件小事，可能就会成为横亘在我们面前的艰难抉择。

这是从一个企业老板的自传中节选的一段话：

三年前，我怀揣梦想只身来到这个人海茫茫的大都市，想开创一份能够给我带来激情的事业。但是因为缺乏经验，缺乏独当一面的能力，我在相当长的时间内仅仅是做着距我的理想很遥远的工作，而且仅仅是那种为了解决温饱而做的工作。我曾经非常沮丧灰心，甚至焦虑得整晚睡不着觉，不知道自己在这里孤身一人，饱尝孤独和艰辛是为了什么，不知道这种坚持值不值得。“放弃”这个词无数次出现在我的脑海里，一次次削弱我的斗志。这样的思想斗争现在看起来不算什么，可是在当时的确算得上是艰苦卓绝，从不断地怀疑自己到渐渐地树立起自信，这个过程是非常痛苦的。还好，我没有灰心，终于走了过来，坚持了下来，并真正找到了自己的价值。

其实，很多事情，只要往前跨一步就是成功，关键就在于你肯不肯坚持走到这关键的一步。摆在我们人生面前的路总是有很多条的，如果你选择了一条你认为正确并有兴趣走下去的路，那么，无论这条道路上是荆棘还是泥泞，你都应该义无反顾地走下去，这就是坚持的精神。

我们很难想像那些总是半途而废的人能做成什么事情，因为他们每一次都草草地开始，又都匆匆地结束，目标摇摆不定，三心二意，今天觉得这个好、明天又觉得那个好，三天打鱼、两天晒网，最后兜了一圈回来，自己还在原来的地方一事无成。

当然，持之以恒，善始善终并不是想做就能做到的，它需要你有着足够的忍耐力和意志力，并且对自己的工作和事业充满热情。那些成功的人大多都有一个共同的特点，即坚忍不拔，意志刚强，不达目标绝不罢休。

他们不骄不躁，兢兢业业，不会做一些投机取巧的事情，只会耐心等待机遇，积累实力。

对自己的工作充满热情的人，不论工作有多么困难，或需要多大的精力，都会始终如一地用不急不躁的态度去进行。而事实的确正如他们所料，瓜熟蒂落，水到渠成，坚持了，收获就自然来了。

谁能够坚持到最后，谁就是最大的赢家。一般来说，笑到最后的人，也是笑得最开心的人。因为坚持，他得到了他想要的人生。

成功是一条铺满荆棘的漫长的道路，只有坚持走下去，才能到达彼岸。如果你有半途而废的习惯，你只能一无所获，而先前再多的努力都会因你一时的放弃而毁于一旦。我们都知道市场竞争常常是耐久力的较量，有恒心和毅力的人往往是笑在最后、笑得更好的胜利者。半途而废的人是不会拥有财富的，因此，如果你要挖井，就一定要挖到出水为止。

旁观者的姓名永远不会
出现在比赛的计分板上

生活掌握在自己的手中。但你的心灵之门如果不打开，你的手不愿意触及生活的每个角落，就无法改变既定的局面。

在我们的生活经历中，许多人都经历过类似的事情，例如，因为自己的平凡背景，而不敢梦想非凡的成就；因为自己的学历不足，而不敢立下宏伟大志；因为自己的无知，而不愿打开心扉，去追求更好的生活。可是，如果你不主动打破生活的格局，你就无法改变你的人生。

有一句流传甚广的格言："罗马不是一天建成的。"这句话和东方的"千里之行始于足下"表达的是同样的意思。我们也可以这样理解这句话，即使是最优秀的选手，如果只是以旁观者的姿态来观战，那么他的名字永远不会出现在比赛的记分板上。

成功的人大都是雷厉风行的性格，也是自我策划的高手。当其他人在原地踏步时，他们早已顺着机会的指引奋勇前行，建立自己的事业王国。他们的成功既源于这种正确的策划，更在于策划之后的实际行动。因为只有去做，策划才能落在实处。

成功不会降落在一个只会空想，干看的人身上。

犹太人哈同，1872年来到中国上海谋生，当时他24岁，年轻力壮，但身上除了穿着外，几乎一无所有。他立志来中国赚钱发财，但自己一无

资本，二无专业知识和技术。他决心从一个立足点开始，因长得身体魁梧，他在一家洋行找到一份看门的工作。要在别人是不愿干的，自己相貌堂堂，年轻高大，却屈于当站门雇员，而哈同却不那么想，他认为看门赚来的钱是一种报酬，没有丢脸和失身份的感觉。另外，他更有深层次的考虑，“千里之行始于足下”，在这份工作上找到个立足点，今后通过自己的努力奋斗，积蓄力量，最后终要找到能赚更多的钱的路子。

哈同在当看门工时，非常认真，忠于职守。晚间，他利用一切可用时间阅读各种经济和财务的书籍，知识增进很快。老板觉得此人工作出色，脑子精灵，把他调到业务部门当办事员。哈同一如既往，工作业绩不错，逐步被提升为行务员、大班等。这时，他的收入大为增加了，心怀壮志的他并没有因此而知足。他认为自己创业的时机到了，1901年，他找理由离开了打工岗位，自己开始独自经营商行。

哈同自办的商行取名为“哈同洋行”，为了赚取更多的钱，以经营洋货买卖为主。当时洋货在中国市场上的竞争品并不多，消费者难以“货比三家”，因此，他的经营获得了高额的利润，而市场神不知鬼不觉地扩大了。

几年间，他赚了许多钱。随着资本的增多，哈同没有放缓自己的追求，开始买卖土地和放高利贷业务。他买入的土地往往从一些急于等钱用的人那里获得，所以他把价钱压得很低，卖主不得不就范。接着，他将低价买入的土地租给别人造屋，到一定年限后收回，这样连房产也归他所有了。另外，他自己也投资建造楼房供出租，从中获取惊人的利润。就这样，他成为了大富豪。

犹太巨商大多是白手起家，刚刚从业时一般多从事最底层的工作。他们的一大共性是都能将平凡的工作干得出色。

洛克菲勒16岁开始为一个小商人做会计助理，因工作有条不紊，精细认真深受老板赏识；钻石大王彼德森16岁到一家珠宝店当学徒，敲敲打打一丝不苟，仅用5个月他的手艺就得到师傅的认可；股票超人约瑟夫·贺希哈从14岁到17岁，伏案画股票行情图，一画即三年。类似的事例太多。

他们还有一个共性是工作之余都爱看书学习。有个说法，人与人之间的差距主要在业余时间。他们就是利用业余时间使自己成为某一方面的专家。反观某些人，不屑于做细事只想做大事，结果不仅缺乏根基，而且信心屡屡受挫。

一个人如果想成就自己的梦想，缜密策划，固不可少，可是只有把在脑子里的影像用自己的四肢展现出来的时候，他才可能“笑傲江湖”。

即使是不成熟的尝试，
也胜于胎死腹中的策略

在人的一生中，风险几乎无处不在，如影随形。只有那些乐于迎战风险的人，才有战胜风险、夺取成功的希望。贪恋蜷缩在温室中、保护伞下，并非人的唯一选择。妄想处于一个没有风险的世界，只能是天方奇谈。

不愿意冒风险的人，他们不敢暴露感情，因为怕冒露出真实面目的风险；他们不敢向他人伸出援助之手，因为怕冒被牵连的风险；他们不敢爱，因为怕冒不被爱的风险；他们不敢希望，因为怕冒失望的风险；他们不敢尝试，因为怕冒失败的风险……即使如此，你也必须要学会冒险，因为生活中最大的危险就是不冒任何风险。

鸵鸟在遇到危险的时候常常有掩耳盗铃的举动，把自己的头藏在沙土中获得心灵上的解脱。你成年之后，虽然知道好多事情不能躲避，必须坚强面对，要冒风险，但还会在心底保留着那种逃避和寻求安慰的想法。其实，困难和风险也是欺软怕硬的，你强他就弱，你弱他就强。你要时刻记得，最困难的时候，没有时间去流泪；最危急的时候，没有时间去犹豫。优柔寡断就意味着失败和死亡。

一次，有人问一个农夫是不是种了麦子。农夫回答：“没有，我担心天不下雨。”那个人又问：“那你种棉花了吗？”农夫说：“没有，我担

心虫子吃了棉花。”于是那个人又问：“那你种了什么？”

农夫说：“什么也没种，我要确保安全。”一个不冒任何风险的人，什么也不做，就像这个农夫一样，到头来，什么也没有，什么也不是。他们逃避了痛苦和悲伤，但他们也不能学习、改变、感受和成长。他们被自己的态度捆绑着，是丧失自由的奴隶。

有些人心细如发，做事的时候总希望把风险降到最低，事事求保险，这当然无可厚非。但是有些时候，机会稍纵即逝，稍有犹豫就很可能错失良机。做任何事情都是有风险的，如果一味拣有把握的事情做，那么你的人生可能永远是碌碌无为的。

有些人一旦遇到了棘手的事情，就一定要去和他人商量。这种优柔寡断的人，既不相信自己，也不会被别人所信赖。有的人简直优柔寡断到了无可救药的地步，他们不敢决定任何一种事情，不敢担负起应负的责任。而他们之所以这样，是因为他们不知道事情的结果会怎样——究竟是好是坏，是吉是凶。他们常常对自己的决断产生怀疑，不敢相信他们自己能解决重要的事情。因为犹豫不决，很多人错失了成功的大好机会。

俗语说：“冒险越大，荣耀越多。”所以，对成功的人来说，犹豫不决、优柔寡断是一个最危险的仇敌，在它还没有对你施加影响，破坏你的机会之前，你就应该立即把这样的敌人置于死地。不要再犹豫，不要再思前想后，马上做出决定，就是现在。要逼迫自己迅速做出决策，不要在选择面前无所适从。

当然，对于比较复杂的事情，在决断之前必须从各方面来加以权衡和考虑，但是一旦打定主意，就决不要再更改，不再留给自己后退的余地。一旦决策，就要有破釜沉舟的勇气。只有这样做，才能养成坚决果断的习惯，既可以增强人的自信，同时也能博得他人的信赖。有了这种习惯后，在最初的时候，也许会做出错误的决策，但由此获得的自信等种种卓越品质，足以弥补错误决策可能带来的损失。即使冒险的尝试，也胜于胎死腹中的计划。

戈达德说：“检查一下你的生活并向自己提出这样一个问题是很有好

处的：‘假如我只能再活一年，那我准备做些什么？’我们都有想要实现的愿望，那就别拖延，努力尝试去做，迟早会有成功的一天。”

敢于尝试的态度对于成功者来说是非常重要的。一个人对于生活的态度不是一成不变的，你可以设法改变你的态度。在你前进路途中的每一步上，你都肩负着一定的责任。因此，一定要树立一个正确的态度，始终坚持尝试。

玩弄机巧，不如向平实处努力

曾经流行一个词语叫“包装”，就是把自我宣传好，把缺点掩饰起来，把优点放大。在一个流行社交应酬，盛行宣传、广告、包装的商品时代，“笨人”无疑是可笑的。但实际上人际关系最根本在真，在诚，无论交际的技巧如何熟练，若无善心，工于心计，其处世不会久长，交友不会长久。

宋儒吕本中在《童蒙训》中说，“每事无不端正，则心自正焉。”有了诚心方能办成事。交友、处世首先不是技巧问题，而是诚心问题。所以他认为：“凡人为事，须是由衷方可，若矫饰为之，恐不免有变时。任诚而已，虽时有失，亦不复藏使人不知，便改之而已。”这就是说，处人待事不必虚情假意，矫揉造作，言不由衷，口是心非。

人生在世，首先是要学“笨”些，而不是学“精”。就是说多保持一些诚实的东西，少来些虚假的东西，按此法必有大成就。若顺着商业化社会那种只重交际技巧、矫揉造作的路子发展，不会有大作为，充其量只能当个公共关系部的主任。

人生处世要放远眼光，大智若愚，这是中国大儒们所努力追求的。曾国藩给其弟的信就说明了这点：“弟来信自认为属于忠厚老实一类人，我也相信自己是老实人。但只因为世事沧桑看得多了，饱经世故，有时多少用一点机巧诈变，使自己变坏了。实际上因这些机巧诈变之术总不如人家得心应手，徒然让人笑话、使人怀恨，有什么好处呢？这几天静思猛省，不如一心向平实处努力，让自己忠厚老实的本质还我以真实的一面，回复我的本性。贤弟此刻在外，也要尽早回复忠厚老实的本性，千万不要走入机巧诈变那条路，那会越走越卑下。即使别人以巧诈我，我仍旧以淳朴厚实待他，以真诚耿直待他，久而久之，人家有意见也会消解；如一味钩心斗角，互不相让，那么，冤冤相报就不会有终止的时候了。”

曾国藩是最反对人傲气的，他的家书中，指出傲气是人生一大祸害，切要根除。他说，“古来谈到因恶德坏事的大致有两条：一是恃才傲物，二是多言。丹朱（尧帝的儿子）不好的地方，就是骄傲和奸巧好讼，也就是多言。遍观历代名公巨卿，很多是德中的一种傲气吧；不太多言，但笔端多少有些近乎巧诈。静时暗中检讨自己的过失，我之处处被人怪罪，其根源亦不外乎这两条。温弟性格大致与我相似，而言辞更为尖刻。凡以傲气凌人，不一定非以言语相加，有以神气凌人的，有以脸色凌人的。……大抵心中不能总记着自己的长处，否则就一定会从面容神态上表现出来。从门第看，我的声望大增，正担心会影响到家中子弟；从个人才识看，现今军武中锻炼出很多人才，我们也没有什么特别超过人家的地方。都不可倚仗。只有兢兢业业，放下架子，把忠信笃敬贯彻到一切言行中，才多少能弥补一些旧时的过失，整顿出新的气象。不然，人人都会讨厌和小看我们了。”

在另一封信中他又讲到这个问题，告诫其弟一定要戒牢骚。他说，“在几个弟弟中，温弟先天资本是最好的，只是牢骚太多，性情太懒。以前在京城就不爱读书，又不爱作文。当时我就很担心这一点。最近听说回家以后，还是像过去那样牢骚满腹，有时几个月不提笔作文。我曾见过我朋友中那些爱发牢骚的人，以后一定有很多的挫折。……这是因为无故而埋怨上天，上天就不会给他好运；无故而埋怨别人，别人也决不会心服。因果报应的道理，自然随之应验。温弟现在的处境，是读书人中最顺畅的境地，却动不动就牢骚满腹，怨天尤人，一百个不如愿，实在叫我不可理解。以后一定要努力戒除这个毛病，……只要遇到想发牢骚的时候，就反躬自问：‘我是不是真有什么毛病以致心中这样的不平静？’心平气和谦虚恭谨，不只是可以早得功名，而且始终保持这种平和的心境，还可以消灾减病。”

盛气凌人也罢，牢骚太盛也罢，都是自傲的一种表现。自傲是人生一大误区。有人认为老实人吃亏，其实都是短视。做人自谦，从个人来说这是最老实的态度。世界之大，无奇不有，个人无论如何神通，也不过宇宙间一粒尘埃而已，更何况山外青山楼外楼，水平高的人多得是，只是你未看见而已。

朱熹在给其长子家信中说：“凡事谦恭，不得盛气凌人，自取耻辱。”这就是说自谦招福，自傲招害。《三国演义》中的马谡，纸上谈兵，盛气凌人，结果兵败人亡。所以《颜氏家训》中说：“满招损，谦受益”，真是为人之真言。就此而言，尾巴不是夹起来，而是应永远放下去，不是迫于外界而是感于内心。这样做似乎弱些，似乎软些，一时还会让小人得志，其实笑到最后的一定是你。低调人生学高明之处正在于着眼于大处，着眼于长远。一个懂得吃小亏的人才能获得大收益。

步子不在于跨得有多大，而在于走得有多稳

我们总是在尽力做每一件事情，却往往得不到别人的认可，或者不能取得成功。为此，我们十分苦恼。其实，与其越做越糟，不如洒脱地放弃。我们的前面总是会有更好的风景在等待着我们去欣赏，何必为眼前的这点儿暗淡境遇而延误生命的美丽呢？

只要你做好应该做的事情，就是值得称赞的。在生命结束的时候，一个人如能问心无愧地说："我已经尽了最大的努力。"那么他就此生无悔了。

"金无足赤，人无完人。"我们都应该认识到自己的不完美。全世界最出色的足球选手，10次传球，也有4次失误；最出色的篮球选手，投篮的命中率也只有五成；最棒的股票投资专家，买卖股票也有马失前蹄的时候。既然连最优秀的人做自己最擅长的事都不能尽善尽美，我们的失误肯定更多。这就是说，我们绝不可能使每个人都满意。

在一个人的生活圈中，起码有一半的人不赞成你所说的那些事情。因此，无论你什么时候发表意见，你总是会有50%的机会，也总是会面对一些反对意见。明白了这一道理后，当有人不同意你所说的某些事情时，你不要觉得自己受到了伤害，也不要立即改变你的意见以赢得赞誉之词；相反，你应该提醒自己，没有人会是十全十美得让每个人都满意的。如果你

知道了这一点，也就知道了走出绝望的捷径。

有一个人有幸加入了攀登珠穆朗玛峰的活动。到了7800米的高度时，他体力支持不住了，便停了下来。当他讲起这段经历时，朋友都替他惋惜：为什么不再坚持一下呢？再往上攀一点点，就能爬到顶峰了！

“不，我最清楚，7800米的海拔是我登山生涯的极限，我不会为此感到遗憾的。”他说。

这个人是明智的，他充分了解自己的能力，没有勉强自己，所以能够平安归来。

现在许多人的通病就是不了解自己。他们希望获得他人的掌声和赞美，博取别人的羡慕。为此，便将自己推向完美的边界，做什么事都要尽善尽美。久而久之，他们的生活就变成了负担和苦闷，而不是充实和享受了。

人贵在了解自己，根据自己的能力去做事，才有真正的喜悦。不管什么时候，不必刻意去要求自己，不要以为自己的步伐太小太慢，重要的是每一步都能走得稳。

世界会向那些有目标和执行力的人让路

一个人，无论高低贵贱、贫富美丑，最难能可贵的是能够放眼未来，真正知道自己需要的是什么，追求的是什么，正确地定出自己的目标。

没有明确人生目标的人，就像没有舵的船。这艘船在大海里任意漂泊，随着风向和洋流的变化而变化，谁也不知道它将驶向何方。因此，作为一个追求成功的人要切记明确自己的目的地，不要随风漂流。无舵之舟和无目标的人，终会在荒芜的沙滩上搁浅，或者在莫测的大海中触礁。所以只有设定了人生目标，才能引领你驶向终点站。

人生之旅又好比乘坐火车，心雄志大的人，加上才华、勤奋、机遇，就像乘上了一趟高速火车，在有限的生命时间里，一定会走得更远，他所欣赏到的人生景色也一定是最壮观雄伟，甚至是险峻的；志大才疏的人在生命的某个时间段也会像坐快车一样，只是有可能会突然慢下来或停住；以勤补拙的人，可能一开始坐一辆慢车，但是他的这趟列车开得稳，开得久，也终会到达远方。人穷志短、一无所长的人也能挤上一班列车，但是车速慢得惊人，更要命的是，车行到中途，突然来了个穿黑色制服的乘务员抓起此人和行李，就扔出了车外。而此时车外是茫茫黑夜，荒山野岭。“对不起，在人生的道路上，你下岗了。”而此时，你已经人过不惑之年，本来想安逸地坐到终点的想法破灭，再想在站台上换另一班车，你会发现：第一，你不在出发点的站台上；第二，铁轨上没有其他车通过，如果有，它们也不停，你根本搭乘不上(不像你的青春岁月中有很多车在驶过

)。这才是人生中最凄苦的季节。

如果认不清自己的能力，把握不清自己的人生目标，就会像下面这则故事中的王华一样，最后陷入一个十分尴尬的境地。

这一年，王华的心蠢蠢欲动，老单位的一切都留不住他了。于是，他辞掉公职，一心想去择个更高待遇的“木”来栖息。其实并非心血来潮，而是被太多的人和太多的事刺激着。

一个同事勇敢地辞职去读了MBA，毕业后开价就是年薪十几万，甚至更高。身边弃文从商之人，如过江之鲫。家里妻子也是不断地埋怨。人到中年，是压力最大的时候，难道自己就守着那点家底熬日子？

不工作了，所有的开支都突然显得多起来。到了事前联系到的公司，没有想到的是，换的第一份工作，才做了两个月，王华就无法适应。多年的生活习惯，已经使他失去了敏锐与高度的警惕性。他在这种氛围里，如同一只被关进鸭笼的鸡，自己的才华，完全用不上。

焦躁之中，王华又辞职了。想不到一个工作是如此难找。现在的企业，一个比一个精打细算：给你多少钱，你就要体现多少价值，你做不来那份事情，别说是七八千，七八百都不给，这就是最实际的情况。而王华所以为的自己能够做的，原来和外面的具体操作截然不同。为生活所迫，他到了另外一家企业做文秘。

王华决定转方向，也去读MBA。一咬牙，他把多年的积蓄拿出来报了名。但是去学时心里忐忑不安，因为市面上已经是时过境迁，以往被吹上天的MBA现在又落了地。高级管理人员不是读书读出来的，经验往往才是老板真正看重的。据说有的MBA，一年的待遇连10万都不到。而对比所耗费的高昂学费，他心里感到完全不是滋味。于是，王华向以前的一个老同学抱怨，他冷笑着说，企业以前花那么多钱买MBA是为了撑门面，现在到处都是，老板们当然不稀罕了，当然也就开始趋向务实。最后老同学还挖苦他说：“亏你以前还是个精明人呢。”

王华感觉自己陷入了一个万分尴尬的境地。背负着压力，他严重失眠了。原来他根本不了解自己到底能够做什么，他的欲望超越了自己的实际

能力，所以最后的结果是他的生活翻了车。

王华就是一个自己不能为自己做主的人，为世俗的观念所困惑。没有明确的目标和计划，从而造成消极的人生。

如果一个人高瞻远瞩，知道自己需要什么，就会有一种倾向，试图走上正确的轨道，奔向正确的方向。于是，他就能开始行动了。

在自己的能力范围内量力而行

很多人不敢去追求成功，不是追求不到成功，而是因为他们的心里面也默认了一个“高度”，这个高度常常暗示自己的潜意识：成功是不可能的，这是没有办法做到的。“心理高度”是人无法取得成就的根本原因之一。但如果你设定了符合自己能力的目标，脚踏实地，反而能循序渐进地实现目标。

有一位武术大师隐居于山林中。听到他的名声，人们都千里迢迢来寻找他，想跟他学些武术方面的窍门。

他们到达深山的时候，发现大师正从山谷里挑水。

他挑得不多，两只木桶里的水都没有装满。

按他们的想像，大师应该能够挑很大的桶，而且挑得满满的。

他们不解地问：“大师，这是什么道理？”

大师说：“挑水之道并不在于挑多，而在于挑得够用。一味贪多，适得其反。”

众人越发不解。

大师从他们中拉了一个人，让他重新从山谷里打了两满桶水。

那人挑得非常吃力，摇摇晃晃，没走几步，就跌倒在地，水全都洒了，那人的膝盖也摔破了。

“水洒了，岂不是还得回头重打一桶吗？膝盖破了，走路艰难，岂不是比刚才挑得还少吗？”大师说。

“那么大师，请问具体挑多少，怎么估计呢？”

大师笑道：“你们看这个桶。”

众人看去，桶里划了一条线。

大师说：“这条线是底线，水绝对不能高于这条线，高于这条线就超过了自己的能力和需要。起初还需要画一条线，挑的次数多了就不用看那条线了，凭感觉就知道是多是少。有这条线，可以提醒我们，凡事要尽力而为，也要量力而行。”

众人又问：“那么底线应该定多低呢？”

大师说：“人的勇气不容易受到挫伤，相反会培养起更大的兴趣和热情，长此以往，循序渐进，自然会挑得更多、挑得更稳。”

不必样样追求优秀，但可以做到更好

有一位朋友，她美丽又文静，说话语速总是慢慢的，音量总是小小的，但她很能说到别人心里去。

在工作上她的业绩说不上优秀，但也无可挑剔；在婚姻上她嫁给了相爱的普通人，日子过得波澜不惊。她有一个聪明可爱的儿子，但她不要求孩子学这学那，双休日一家三口就去游玩。与周围一些拼尽全力却活得不如意的人相比，我总觉得她的人生本来还可以更为灿烂，而她没有去做。

当问起她的生活哲学，她说是父亲的一句话决定了她的人生。

读初中时她的体质非常弱，大多数体育活动都没法参加，她的体育课自然不会及格。然而她又非常争胜好强，偶尔有一门功课得不到第一就会难过。

因此，父亲说："以你的条件，不必样样追求优秀，但你可以做到更好。"

听了父亲的话后，她比较轻松地将每门功课都保持良好，同时她的体质也恢复到了良好的状态。高中毕业她给自己的定位是考上一所普通大学，压力不重反而发挥得更好，她很轻松地考上了重点大学。毕业时她那个专业极其热门，重点大学又可以在全国范围内选择工作，她却选择了中等城市中的对口单位，她只求离父母近些……这样，她不急不躁地构筑着她的良好人生。

良好人生肯定不被小说家与剧作家看好，因为良好人生不能成为他们创作的素材。他们更感兴趣的大都是事业有成而家庭破裂，辉煌的阴影里藏匿着堕落，幸福来临却紧随着死神，那些有一项优秀就难免有一项不及格的人生。

生活是乖戾的，倘若某个人的某个单项特别的优秀，他人生的另一重要单项的缺憾往往也特别大。或者是，正因有可弥补的缺憾，许多人才发愤地追求优秀。然而，这样一来，自然会失去平静的心态，从而导致我们生活节奏加快，压力、紧张、激动都会随之而来。这种情况下，我们就会急躁不安，很容易为小事烦恼。

人生，或许不是波澜壮阔的大海，而应该是条清澈见底的小溪。在生命的旅途中，甜美、幸福、苦恼等百般滋味并不是让你咀嚼不尽的，它早晚会沉淀于水底，被细沙埋没。只有小溪，才能在前进中守住自己的平静与快乐，大海却不能。

所以让我们用平静的心态面对人生吧。只有这样，我们才可以当吃则吃，该睡则睡；白天轻松工作，黄昏相约散步，过着平淡而不平庸的日子。

关键要忙到点子上

忙碌并不代表敬业，效率才是最重要的。整天的忙碌只能代表你是一个勤奋的人，却不是一个聪明的人。聪明而又勤奋，才能成就一个人的梦想。

很多人都喜欢把自己扮成很忙碌的样子。有时候甚至为了把工作干得更好些，于是他们把工作带回家，或是在办公室加班加点。这样一来，老板觉得他们努力，同事感到压力，他们自己觉得生活不规律。他们可能心想，看我多努力，看我多勤奋，看我多敬业，可是最终的结果很可能是工作既没有做好，又透支了自己的健康。的确，加班其实并不能说明你的敬业精神，很大程度上却是浪费了大量的人力、物力和财力。

有个伐木工人在一家工厂工作。因为待遇优厚，工作环境也不错，伐木工人很珍惜这个机会，决心要认真努力地干活，做一个敬业爱岗的人。

这天，老板交给他一把锋利的斧头，划定一个伐木范围，让他去砍伐。这个工人非常卖力，一天就砍了18棵树，老板相当满意。他对这个工人说："非常好，你要继续保持这个水准。"

工人听到老板这样称赞自己，非常开心，第二天就工作得更加卖力。但是，不知道为什么，这一天他只砍了15棵树。第三天，伐木工人为了弥补昨天的缺额，更加努力地砍伐，可是这天他却砍得更少了，只有11棵。

伐木工人感到很难为情，他跑到老板那里道歉："老板，真是对不起，不知道为什么，我的力气越来越小了，树砍的也越来越少了。”

老板温和地看着他，问：“你上一次磨斧头是什么时候？”

伐木工人望着老板，诧异地问：“磨斧头？我每天都忙着砍树，根本没有时间磨斧头啊！”

看到这里，我们都已经明白为什么伐木工人的伐木速度越来越慢了，因为他太忙，没有时间学习和研究砍伐的技术，没有时间保养砍伐的工具。

一位著名的企业家说过这样一段话：“我的员工中最可悲也是最可怜的一种人，就是那些只想获得薪水，而对其他一无所知的人。”多花点时间准备，多费点工夫增强实力，一切才能在你的掌控之中。

所以说，不多花点时间去好好琢磨一下自己在工作能力上面的欠缺，不好好总结自己的不足，充实自己，那么做起事情来只能是事倍功半。有一句话说得好：有舍必有得，有得必有舍；不舍不得，小舍小得，大舍大得。如果舍去了健康，透支了青春，工作又有什么意义呢？

敬业，不一定要永远埋头苦干。像老黄牛一般勤勤恳恳的精神值得提倡，但也不必一味地委屈自己做幕后英雄和那种吃力不讨好的事，在适当的时候以得体巧妙的方式，让领导知道你如此敬业，那不是更好？

敬业也不是让你无私奉献，为了工作而牺牲健康，早已不是现代人所提倡的敬业方式。合理安排时间，工作、健康两不误，这样的敬业才不至于成本太高。别让工作占据了你所有的时间，懂得生活的人才更有激情工作。所以，我们强调“敬业”是说每个人都应该对工作怀有高度的责任感，而不是号召大家成为“工作狂”。

对于职场中的人来说，不要整天一头扑在事业工作上，抽出时间来调整一下自己，明晰一下方向，理顺一下思路，改变一下方式，有时候，可能会起到事半功倍的效果。